一、齿轮油泵零件图

齿轮轴

主动轴

从动齿轮

平键

螺母

压盖

垫片

泵盖

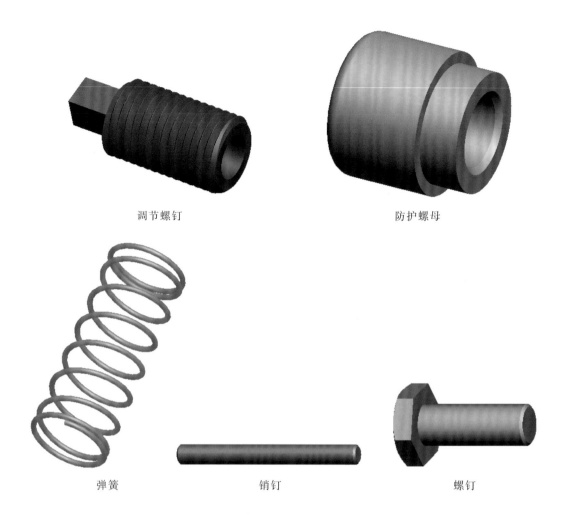

调节螺钉

防护螺母

弹簧

销钉

螺钉

二、齿轮油泵装配图

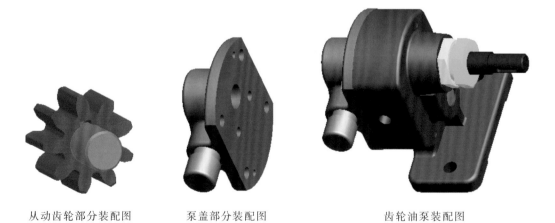

从动齿轮部分装配图

泵盖部分装配图

齿轮油泵装配图

高职高专机电类
工学结合模式教材

CAD/CAM应用技术
——Pro/E 5.0项目化教程

（第2版）

高汉华 主 编

刘远祥 梁矗军 王志民 副主编

清华大学出版社
北京

内 容 简 介

全书主要以齿轮油泵和典型机械零件为载体,依据机械设计制造岗位人员的岗位要求,以基于工作过程的思想为指导,按照项目引领,典型工作任务为驱动,编写 CAD/CAM 应用技术项目教材。全书共分为 9 个项目和若干任务,主要包括 CAD/CAM 应用技术基础、草图绘制、三维实体建模、三维实体建模综合、零件参数化建模、曲面建模、机械装配、工程图与标注、数控加工与编程。内容由浅入深,使读者逐步学会使用 Pro/E 快捷准确地实现机械设计和加工制造。

本书内容涵盖了初、中级机械设计人员使用 Pro/E 软件所需要的基本技能,寓理论教学于实践技能训练之中,做到理论知识以实用、够用为度,突出实践技能的培养,实现了入门容易的特点。本书适合作为高职高专院校机械设计及相关专业的教材,也可作为从事 CAD/CAM 相关工作的技术人员的自学参考书。

本书配套 CAD/CAM 应用技术网站,以供读者使用和参考。

网站地址:http://elearning.wxic.edu.cn/course/view.php? id=986

图书在版编目(CIP)数据

CAD/CAM 应用技术:Pro/E 5.0 项目化教程/高汉华主编.—2 版.—北京:清华大学出版社,2017
(2025.1重印)

(高职高专机电类工学结合模式教材)

ISBN 978-7-302-47760-0

Ⅰ.①C… Ⅱ.①高… Ⅲ.①机械设计－计算机辅助设计－应用软件－高等职业教育－教材
Ⅳ.①TH122

中国版本图书馆 CIP 数据核字(2017)第 166900 号

责任编辑:刘翰鹏
封面设计:常雪影
责任校对:刘 静
责任印制:宋 林

出版发行:清华大学出版社
      网　　　址:https://www.tup.com.cn,https://www.wqxuetang.com
      地　　　址:北京清华大学学研大厦 A 座　　　　　邮　　编:100084
      社 总 机:010-83470000　　　　　　　　　　邮　　购:010-62786544
      投稿与读者服务:010-62776969,c-service@tup.tsinghua.edu.cn
      质量反馈:010-62772015,zhiliang@tup.tsinghua.edu.cn
      课件下载:https://www.tup.com.cn,010-62770175-4278
印 装 者:涿州汇美亿浓印刷有限公司
经　　销:全国新华书店
开　　本:185mm×260mm　印　张:17.25　插　页:1　字　数:398 千字
版　　次:2014 年 5 月第 1 版　2017 年 9 月第 2 版　　印　次:2025 年 1 月第 7 次印刷
定　　价:48.00 元

产品编号:075451-02

本书以"先进性、创新性、实用性"为宗旨,深化课程体系与教学内容改革,使学生通过综合实操训练,掌握机械 CAD/CAM 工程设计的手段和方法,培养学生的工程综合应用能力和相关的技能、技巧;同时通过加大实践性环节,增强学生的动手能力以及实践创新能力,缩短学生到工厂企业工作的适应期,使他们能很快进入实质性的工作阶段。

全书主要以齿轮油泵和典型机械零件为案例,依据机械设计制造岗位人员的岗位要求,以基于工作过程的思想为指导,按照项目引领,典型工作任务为驱动,编写 CAD/CAM 应用技术项目教材。教材中的项目包含 Pro/E 机械设计的一般方法,项目实例涵盖了 Pro/E 机械设计中所有的知识点,内容实用全面,并且重点突出;按照机械零件从零件、部件、装配体、工程图到仿真加工的顺序编排,使读者能对照掌握的机械设计理论知识,理解 Pro/E 软件与机械设计结合之道。除此之外,本书还介绍了参数化零件的设计方法,以帮助读者提升 Pro/E 的应用水平,并理解 Pro/E 参数化设计的精髓。在本教材中,每个项目后都附有巩固练习,书后还附有齿轮油泵全套图纸和综合实训题,提供的例子具有代表性和综合性,以实训实例的方式提高学生的职业技能应用能力,探索现代高职教育的新模式。

全书共分为 9 个项目和若干任务,各部分内容安排如下。

(1) 项目 1 是 CAD/CAM 应用技术基础,介绍 CAD/CAM 的基本概念,CAD/CAM 技术的应用与发展,Pro/E 5.0 软件功能及软件操作体验。

(2) 项目 2 是草图绘制,以 2 个典型零件草图绘制为例,介绍零件草图绘制及编辑方法。

(3) 项目 3 是三维实体建模,以 4 个典型零件建模为例,介绍零件实体建模设计的基本知识和方法。

(4) 项目 4 是三维实体建模综合,以 3 个典型零件建模为例,介绍零件实体建模设计中的工程特征创建方法。

(5) 项目 5 是零件参数化建模,以 2 个典型零件参数化建模为例,介绍参数化零件的设计方法,涉及关系与参数、程序与族表的应用。

(6) 项目 6 是曲面建模,以 2 个典型的曲面零件建模为例,介绍曲面设计界面和环境,以及曲面零件设计方法。

(7) 项目 7 是机械装配,通过 2 个实例,介绍机械装配设计和运动仿真设计方法,包括零部件的放置、打开、删除、隐藏、隐含和编辑装配元件及运动仿真设置。

(8) 项目 8 是工程图与标注,通过 3 个实例,围绕零件和装配体视图与标注两大要素介绍 Pro/E 机械工程图的创建方法。

(9) 项目 9 是数控加工与编程,通过 2 个实例,介绍数控车和数控铣加工与编程模块的应用。

注意:本书中统一使用"单击"表示按一下鼠标左键,使用"右击"表示按一下鼠标右键,使用"单击鼠标中键"表示按一下鼠标中键,使用"双击"表示按两下鼠标左键,使用"拖动"表示按下鼠标左键同时移动鼠标。

本书由高汉华(无锡商业职业技术学院)任主编,刘远祥、梁矗军、王志民(无锡奥润汽车有限公司)任副主编。项目 1、项目 2、项目 4、项目 9 由高汉华编写,梁矗军编写了项目 3、项目 8,刘远祥编写了项目 5、项目 6,王志民编写了项目 7,全书由高汉华统稿。

本书获无锡商业职业技术学院校本教材建设立项。在编写过程中得到学院和无锡奥润汽车有限公司王志民的大力支持和帮助,在此谨对他们的大力支持表示衷心感谢。

由于编者水平有限,加上成书的时间仓促,书中存在的疏漏之处一定不少,敬请广大读者批评指正!

编　者

2017 年 4 月

目 ◆ 录

CAD/CAM应用技术基础

知识目标

(1) 了解 CAD/CAM 技术的基本概念、功能及常用软件。

(2) 了解 CAD/CAM 技术的发展趋势。

(3) 熟悉 Pro/E 软件功能及操作过程。

能力目标

通过学习,学生应能正确启动 Pro/E 软件,能进行文件管理和模型操作,初步具备使用 CAD/CAM 软件的能力。

本项目的任务

本项目主要学习 CAD/CAM 技术的基本概念、功能及常用软件,重点学习 Pro/E 软件的应用,熟悉 Pro/E 软件的操作界面,掌握软件的启动方法,基本掌握软件的文件管理和模型操作命令,最后以盒体建模为载体熟悉和了解 Pro/E 软件的操作。

主要学习内容

(1) CAD/CAM 技术的基本概念、功能及常用软件。

(2) CAD/CAM 技术的发展趋势。

(3) Pro/E 软件界面及操作方法。

任务 1.1　CAD/CAM 技术概述

1.1.1　CAD/CAM 的基本概念

1. CAD（Computer Aided Design——计算机辅助设计）

以计算机为辅助工具来完成产品设计过程中的各项工作,如草图绘制、零件设计、零件装配、装配干涉分析等,并达到提高产品设计质量、缩短产品开发周期、降低产品成本的目的。

2. CAE(Computer Aided Engineering——计算机辅助工程分析)

以现代计算力学和有限元分析为基础,以计算机仿真为手段,对产品设计进行结构参数、强度、寿命、运动状态及优化性能等方面的工程分析,用于测量、校核产品的可靠性和优化程度。

3. CAPP(Computer Aided Process Planning——计算机辅助工艺过程设计)

以计算机为辅助工具,并根据产品的设计信息及制造工艺要求,交互地或自动地确定出产品的加工方法和方案,例如,加工方法选择、工艺路线确定、工序设计等。

4. CAM(Computer Aided Manufacturing——计算机辅助制造)

CAM 有广义和狭义两种定义。广义 CAM 是指借助计算机来完成从生产准备到产品制造的全过程中的各种活动,包括工艺过程设计(CAPP)、工装设计、计算机辅助数控加工编程、生产作业计划、制造过程控制、计算机辅助质量检测(CAQ)与分析、产品数据管理(PDM)等。狭义 CAM 通常只是指 NC 程序编制,包括刀具路径规划、刀位文件生成、刀具轨迹仿真及 NC 代码生成等。

1.1.2　CAD/CAM 的基本功能

在 CAD/CAM 系统中,计算机主要帮助人们完成产品结构描述、工程信息表达、工程信息传输与转化、结构及过程的分析与优化、信息管理与过程管理等工作;因此,CAD/CAM 系统应具备以下基本功能。

1. 几何造型

几何造型是 CAD/CAM 系统的核心,它为产品的设计、制造提供基本数据,同时也为其他模块提供原始信息。CAD/CAM 系统应具有二维和三维造型功能,并能实现二维与三维图形间的相互转换,具有动态显示、消隐和光照处理能力。用户不仅能构造各种产品的几何模型,还能随时观察和修改模型或检验零部件装配的结果。

2. 计算分析

计算分析是工程设计不可缺少的部分,也是传统设计中一项复杂、烦琐的工作。CAD/CAM 系统正好可以发挥计算机强大的分析计算功能,完成复杂的工程分析计算。如力学分析计算、设计方案的分析评价和几何特性的分析计算。

3. 优化设计

CAD/CAM 系统应具有优化求解的功能,也就是在某些条件的限制下,使产品或工程设计中的预定指标达到最优。优化包括总体方案的优化、产品零件结构的优化和工艺参数的优化等。优化是 CAD/CAM 系统中一个重要的组成部分。

4. 工程绘图

图样是工程师的语言,是设计表达的主要形式,而手工绘图也是设计人员最感头疼的事情。CAD/CAM 系统应具有基本的绘图、出图功能。一方面应具备从几何造型的三维图形直接转换成二维图形的功能;另一方面还应有强大的二维图形处理功能,包括基本图形元素的生成、图形编辑、尺寸标注、显示控制和书写文字等功能,以生成符合国家标准和生产实际的图样。

5. 自动编程

自动编程是根据零件图样的工艺要求,编写零件数控加工程序,并输入计算机自动处理,计算出刀具轨迹,输出零件数控代码。主要方法有 APT(Automatically Programmed Tool)语言编程和图像编程。图像编程是目前 CAD/CAM 系统常用的一种,只需输入零件的几何信息,以人机交互的方式选择加工工艺信息,计算机即可自动生成刀具轨迹,并能对生成的刀具轨迹进行编辑,最后通过后置处理把刀位文件转换成数控机床能执行的数控程序。

6. 模拟仿真

通过仿真软件模拟真实系统的运行,以预测产品的性能和产品的可制造性。如数控加工仿真系统,可在软件上实现零件的模拟加工,避免了实际加工中人力、财力、物力的浪费,缩短了生产周期,降低了成本。

7. 工程数据库管理

工程数据库是 CAD/CAM 一体化的重要组成部分。由于 CAD/CAM 系统中数据量大,种类繁多,既有几何图形数据,又有属性语义数据;既有产品定义数据;又有生产控制数据;既有静态标准数据,又有动态过程数据,数据结构复杂。所以,CAD/CAM 系统需提供有效的管理手段,支持工程设计与制造全过程的信息流动与交换。通常 CAD/CAM 系统采用工程数据库系统作为统一的数据环境,实现各种工程数据的管理。

1.1.3　常用 CAD/CAM 软件介绍

随着 CAD/CAM 技术的迅猛发展,适用于机电行业的商品化应用软件也是品种繁多、功能各异,下面简要介绍几种应用较广泛的软件。

1. Pro/ENGINEER 软件

Pro/ENGINEER 简称 Pro/E,是美国 PTC(Parametric Technology Corporation)公司于 1988 年推出的一套由设计至制造的参数化 CAD/CAM 软件。它集零件设计、产品装配、模具开发、NC 加工、钣金设计、机构仿真、应力分析和产品数据库管理于一体,以其强大的实体参数化建模功能而著称,广泛用于家电、机械、电子、汽车和航空航天等行业,具有下列特点:三维造型、参数化模型建构、基于特征的造型、相关联性、统一的数据库。

2. UG 软件

UG 是 UNIGRAPHIC 的简称,是美国 EDS(Electronic Data System)公司(麦道公司)开发的 CAD/CAM 一体化软件,汇集了美国航空航天及汽车工业丰富的设计经验,可以支持不同的硬件平台。它由 CAD、CAE、仿真、质量保证、开发工具、软件接口、CAM 及钣金加工等部分组成。近年来,该公司成功收购并推出了 Solidedge 系统,Solidedge 已成为 CAD/CAM 系统的中端主导产品。

3. CATIA 软件

CATIA 是 Computer-Graphics Aided Three-Dimensional Interactive Applications 的简称,是法国达索飞机公司研究开发的 CAD/CAM 一体化软件,具有工程绘图、数控加工编程、计算分析等功能,可方便地实现二维元素和三维元素间的转换,具有平面或空间机构运动学方面的模拟和分析功能,曲线造型功能尤为突出。

4. SolidWorks

SolidWorks 是一套基于 Windows 的 CAD/CAE/CAM/PDM 桌面集成系统,由美国 SolidWorks 公司研制开发。该软件采用自顶向下的设计方法,可动态模拟装配过程,它采用基于特征的实体建模,具有中英文两种界面,其先进的特征树结构使操作简便和直观。

5. AutoCAD 及 MDT

AutoCAD 系统是美国 Autodesk 公司为微机开发的一个交互式绘图软件,它基本上是一个二维工程绘图软件,具有较强的绘图、编辑、剖面线和图案绘制、尺寸标注以及方便用户的二次开发功能,也具有部分的三维作图造型功能,是目前世界上应用最广的 CAD 软件。

MDT(Mechanical Desktop)是 Autodesk 公司在机械行业推出的基于参数化特征实体造型和曲面造型的微机 CAD/CAM 软件,它将三维造型和二维绘图集成到一个环境下,是介于大型 CAD/CAM 系统与二维绘图系统之间的一种产品,具有很强的设计功能。

另外,美国 CV 公司的 CADDS 等很多软件都是功能较强的 CAD/CAM 系统软件。

国内在 CAD/CAM 系统的研究中也取得了很好的成绩,特别是在针对某些专项功能方面已开发出具有自主版权的商品化软件,如北航海尔软件有限公司开发的 CAXA 电子图板、CAXA-ME,华中科技大学开发的开目 CAD 等软件,在 CAD 设计、三维造型、数控加工等方面达到了很高水平,在国内企业得到了较好的应用和推广。

1.1.4　CAD/CAM 技术的发展趋势

CAD/CAM 技术还在发展之中,发展的主要趋势是集成化、智能化、并行化、网络化和标准化。具体来说,主要体现在以下几个方向。

1. 计算机集成制造

CIM(Computer Integrated Manufacturing)是 CAD/CAM 集成技术发展的必然趋势。CIM 的最终目标是以企业为对象,借助于计算机和信息技术,使生产中各部分从经营决策、产品开发、生产准备到生产实施及销售过程中,有关人、技术、经营管理三要素及其形成的信息流、物流和价值流有机集成并优化运行,从而达到产品上市快、高质、低耗、服务好、环境清洁,使企业赢得市场竞争的目的。CIMS 是一种基于 CIM 哲理构成的计算机化、信息化、智能化、集成化的制造系统。它适应多品种、小批量市场需求,可有效地缩短生产周期,强化人、生产和经营管理联系,减少在制品,压缩流动资金,提高企业的整体效益。所以,CIMS 是未来工厂自动化的发展方向。然而由于 CIMS 是投资大、建设周期长的项目,因此不能一揽子求全;应总体规划、分步实施。分步实施的第一步是 CAD/CAM 集成的实现。

2. 智能化 CAD/CAM 系统

机械设计是一项创造性活动,在这一活动过程中,很多工作是非数据、非算法的。所以,随着 CAD/CAM 技术的发展,除了集成化之外,将人工智能技术、专家系统应用于系统中,形成智能化的 CAD/CAM 系统,使其具有人类专家的经验和知识,具有学习、推理、联想和判断功能及智能化的视觉、听觉、语言能力,从而解决那些以前必须由人类专家才能解决的概念设计问题。这是一个具有巨大潜在意义的发展方向,它可以在更高的创造性思维活动层次上给予设计人员有效的辅助。

另外,智能化和集成化两者之间存在密切联系。为了能自动生成制造过程所需的信息,必须理解设计师的意图和构思。从某种意义上讲,为实现系统集成,智能化是不可缺少的研究方向。

3. 并行工程

并行工程(Concurrent Engineering)是随着 CAD/CAM、CIMS 技术发展而提出的一种新哲理、新系统的工程方法。这种方法的思路就是并行的、集成的产品设计及其开发过程。它要求产品开发人员在设计阶段就考虑产品整个生命周期的所有要求,包括质量、成本、进度、用户要求等,以便最大限度地提高产品开发效率及一次成功率。并行工程的关键是用并行设计方法代替串行设计方法,在顺序法中信息流向是单向的,在并行法中信息流向是双向的。

随着市场竞争的日益激烈,并行工程必将引起越来越多的重视。但其实施也绝非一朝一夕的事情,目前应为并行工程的实现创造条件和环境。其中,与 CAD/CAM 技术发展密切相关的有如下几项要求:①研究特征建模技术,发展新的设计理论和方法;②开展制造仿真软件及虚拟制造技术的研究,提供支持并行工程运行的工具和条件;③探索新的工艺过程设计方法,适应可制造性设计(DFM)的要求;④借助网络及统一 DBMS 技术,建立并行工程中数据共享的环境;⑤提供多学科开发小组的协同工作环境,充分发挥人在并行工程中的作用。以上要求将极大地促进 CAD/CAPP/CAM 技术的变革和发展。

4. 分布式网络化

自 20 世纪 90 年代以来,计算机网络已成为计算机发展进入新时代的标志。所谓计算机网络就是用通信线路和通信设备将分散在不同地点的多台计算机,按一定网络拓扑结构连接起来。这些功能使独立的计算机按照网络协议进行通信,实现资源共享。而且 CAD/CAPP/CAM 技术日趋成熟,可应用于越来越大的项目,这类项目往往不是一个人,而是多个人、多个企业在多台计算机上协同完成,所以分布式计算机系统非常适用于 CAD/CAPP/CAM 的作业方式。同时,随着 Internet 的发展,可针对某一特定产品,将分散在不同地区的现有智力资源和生产设备资源迅速组合,建立动态联盟的制造体系,以适应全球化制造的发展趋势。

任务 1.2　Pro/E Wildfire 5.0 软件概述

1.2.1　Pro/E 的基本功能

Pro/E 是一款包含众多设计模块的大型设计软件,功能强大,内容丰富。其中主要的设计功能包括创建二维草图、创建三维实体模型、创建装配组件、创建工程图及 NC 加工编程。

上述 5 个模块的默认文件名见表 1-1。其中 #### 是系统自动添加的 4 位文件编号。如果用户自己命名文件,系统会自动添加扩展名。

表 1-1　Pro/E 各功能模块默认文件名

模型类型	草绘模块	零件模块	装配模块	工程图模块	NC 模块
默认文件名	s2d####.sec	prt####.prt	asm####.asm	drw####.drw	mfg####.asm

1.2.2　Pro/E 的操作界面

启动中文版 Pro/E 后,其操作界面如图 1-1 所示。

它主要由标题栏、菜单栏、工具栏、导航栏、设计绘图区、特征控制区、提示信息区、命令解释区、选取过滤器及特征工具栏等部分组成。下面分别介绍各部分的功能。

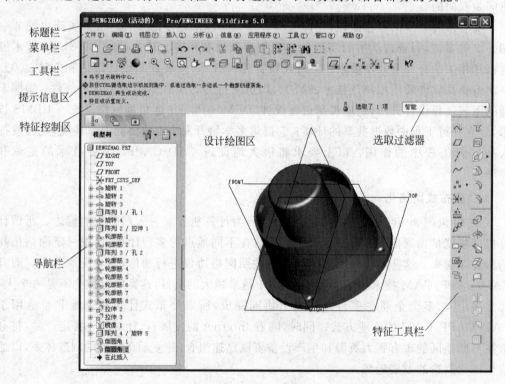

图 1-1　Pro/E 操作界面

1．标题栏

标题栏位于界面的最上方，功能与常用软件的标题栏基本相同，显示打开的文件名，▨图标表示实体的零件文件，**DENGZHAO（活动的）** 表示此窗口为当前窗口，并以蓝色显示。

2．菜单栏

与其他标准窗口软件一样，Pro/E的菜单栏提供了基本的窗口操作命令和模型处理功能，菜单栏各命令选项说明见表1-2。

表 1-2　菜单栏命令选项说明

名称	说　明
文件	文件处理功能，如建立新文件、保存、重命名、打印、不同文件格式的导入（输出）与打印等
编辑	镜像、复制、投影、设置、阵列表、修剪、设计变更、删除、动态修改等编辑功能
视图	模型显示设置与视角的控制
插入	设计人员常使用特征建造功能
分析	测量、模型物理性质、曲线及曲面的性质分析
信息	实体模型的各种相关信息
应用程序	包括钣金件、逆向工程、有限元分析、机制加工后处理、会议等不同模块的应用
工具	包括关系、参数、程序、族表，以及工作环境与其他功能等
窗口	窗口的相关操作
帮助	在线辅助说明、关键字查询

在上述菜单命令中，"编辑""视图"和"插入"等各项常用功能也可以通过工具按钮和右击弹出的快捷菜单来实现，这也是窗口软件的共同特点。

3．工具栏

Pro/E有两个工具栏：窗口上部的系统标准工具栏和窗口右侧的特征工具栏，这里特指前者。工具栏上的每个图标按钮代表使用频率高的菜单命令，将鼠标悬停在按钮上，系统就会显示该按钮的名称。Pro/E系统允许用户自行添加或删除工具栏图标按钮并可调整按钮位置。

4．导航栏

窗口左侧的导航栏包括"模型树""文件夹导航器"和"收藏夹"3个选项卡。单击导航栏右侧边框上的条行按钮可隐藏导航栏，各选项卡之间可通过导航栏上的选项卡按钮进行切换。

模型树：该选项卡记录了特征的创建、零件以及组件的所有特征创建的顺序、名称、编号状态等相关数据，每一类特征名称前皆有该类特征的图标。模型树也是用户进行编辑操作的区域，用户可以右击特征名称，在弹出的快捷菜单中进行特征的"编辑""编辑定义""删除"等操作。

5．设计绘图区

窗口中间的区域是最重要的设计绘图区，也是模型显示的主视图区，在此区域用户可以通过视图操作进行模型的旋转、平移、缩放以及选取模型特征，进行编辑和变更等操作。

该区域的背景色是灰色渐变。用户可以单击"视图"→"显示设置"→"系统颜色"命令,在弹出的"系统颜色"对话框中单击"布局"按钮,再在弹出的菜单中选择相应的选项,自行变更系统颜色。

6. 特征控制区

特征控制区用于进行特征创建和变更操作。单击窗口右侧的特征工具栏按钮后,即可在窗口中部显示"放置""选项"和"属性"设置选项。为方便叙述,本书将其称为"控制面板",对于该面板的弹出项,称为"下滑面板"。图 1-2 所示为"拉伸工具"控制面板及"放置"下滑面板。

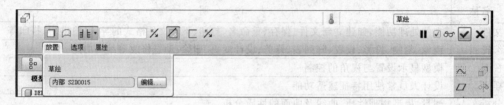

图 1-2   特征控制区

7. 提示信息区

在操作过程中,相关信息会显示在此区域,如"特征创建步骤的提示""警告信息""错误信息""结果"与"数值输入"等信息。

默认提示信息区的范围大小仅显示最后几次信息。可利用右边的滚动条追溯之前曾出现过的信息,或者直接拖动边框调整显示的行列数,如图 1-3 所示。

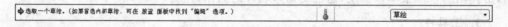

图 1-3   提示信息区

注意:初学者在操作过程中随时注意提示信息区给出的提示内容,以明确命令执行的结果与系统响应的各种信息。

8. 命令解释区

在该区域,中文版 Pro/E 以简短文字"实时"解释命令和操作要点,只要将鼠标指针移到某命令上(悬停,不是单击),此区域会立即显示该命令的简短解释。同时在鼠标指针附近也会弹出提示说明文字。

9. 选取过滤器

当面对众多特征复杂的设计模型时,经常会发生无法顺利选取到目标对象的情况,此时可通过"选取过滤器"选择所需要的对象类型,如"基准点""轴""曲面"和"基准平面"等,这样就可以在选择时过滤掉非此类型的特征对象。

10. 特征工具栏

位于窗口右侧的特征工具栏提供了特征建立常用的工具按钮,其中显示为灰色的工具按钮表示当前不能进行该项操作。当满足建立条件后,该工具按钮显示为可用状态。

另外,在进行 2D 绘图时,该区域显示 2D 绘图常用工具按钮。

1.2.3　文件管理与模型操作

1. 文件管理

1) 设置工作目录

单击"文件"→"设置工作目录"命令,在打开的"选取工作目录"对话框中可选择一个文件夹作为工作目录,也可新建文件夹作为工作目录,单击"确定"按钮即可完成当前工作目录的设定。

设定工作目录可方便以后文件的保存与打开,既便于文件的管理,也节省文件打开的时间。

2) 新建文件

新建文件有两种方式,执行"文件"→"新建"命令或者在工具栏中单击"新建"图标[ ],弹出"新建"对话框,如图 1-4 所示。

3) 打开文件

Pro/E 野火版打开文件时,除了传统方式外,又新增了 IE 浏览器打开文件。传统的方式是单击工具栏中"打开文件"图标[ ],便可弹出"文件打开"对话框。

4) 保存文件

在工具栏中单击"保存"按钮后,信息提示区出现"文件保存"对话框。单击右侧"确定"按钮保存文件,单击"取消"按钮放弃本次操作。

图 1-4　"新建"对话框

注意:文件名在保存时是不可以随意更改的,因为在建立的时候已经命名(见图 1-4),否则会出现错误操作提示,如图 1-5 所示。如果要改变其名称,除了在新建时就输入所需的正确名称外,还可以执行"文件"→"重命名"命令或执行"文件"→"保存副本"命令。

PRT0002.PRT 不在当前会话中。

图 1-5　保存文件错误提示

5) 拭除与删除

使用"拭除"命令可将内存中的模型文件删除,但并不删除硬盘中的原文件。单击该选项会弹出如图 1-6 所示的下拉菜单。

① 当前:将当前工作窗口中的模型文件从内存中删除。

② 不显示:将没有显示在工作窗口中但存在于内存中的所有模型文件从内存中删除。

使用"删除"命令可删除当前模型的所有版本信息,或者删除当前模型的所有旧版本,只保留最新版本。单击该命令弹出如图 1-7 所示的下拉菜单。

6）打印

"打印"命令使用打印机或绘图仪将设计的模型或图样输出，根据外设选取合适的打印设备。然后设计打印具体内容，如纸张大小、打印质量等。不同的模型显示方式，其打印设置会有差异。

2. 模型操作

使用"视图"（View）菜单可以调整模型视图、定向视图、隐藏和显示图元、创建和使用高级视图以及设置多种模型显示选项，如图1-8所示。

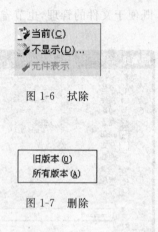

图 1-6　拭除

图 1-7　删除

图 1-8　"视图"菜单

3. 鼠标的使用

在 Pro/E 中使用鼠标最好是三键滚轮鼠标，否则许多操作都不方便执行。鼠标的操作方法见表1-3。

表 1-3　鼠标的操作方法

使 用 情 况	操 作 方 式	功 　 能
任何情况	滚动滚轮	缩放
	Ctrl＋中键	缩放（鼠标向上方或下方移动）
	Ctrl＋中键	以屏幕法向为中心旋转（鼠标左边或右边移动）
	Shift＋中键	平移
	按住中键不放	旋转
菜单操作	左键	点选各种菜单的选项、图元或特征
	中键	执行各种菜单中以粗体字显示的命令
	右键	打开对应的右键菜单
绘制 2D 截面	左键	绘制、移动或拉伸图元
	中键	建立或放弃建立图元
	右键	打开/关闭约束条件，显示对应的右键菜单

1.2.4　盒体建模操作体验

应用 Pro/E 软件完成一个尺寸为 200mm×200mm×100mm，厚度为 5mm 的矩形盒三维建模。

1. 新建零件文件

单击"新建"按钮□，打开"新建"对话框，在"名称"文本框中输入模型名称 box，默认其他设置后，单击鼠标中键进入设计环境。

2. 创建第 1 个特征——拉伸特征

（1）在特征工具栏中单击"拉伸工具"按钮，进入拉伸操作环境，如图 1-9 所示。

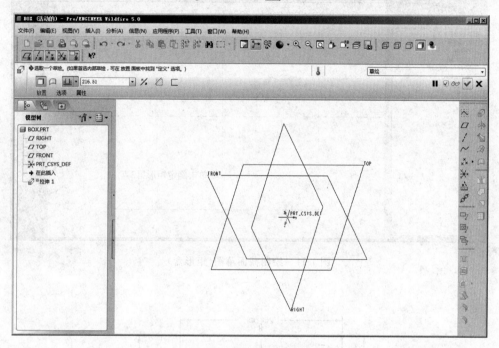

图 1-9　拉伸操作环境（矩形盒）

（2）在设计绘图区右击，弹出快捷菜单，选择"定义内部草绘"命令，如图 1-10 所示，随后打开"草绘"对话框。

（3）选择窗口中标识为 TOP 的平面，将其作为草绘平面，然后单击鼠标中键进入草绘环境。

（4）在特征工具栏中单击"矩形绘制工具"按钮□，启动矩形工具，在设计界面中按住鼠标左键拖出一个矩形，具体操作如图 1-11 所示。

图 1-10　定义内部草绘（矩形盒）

（5）双击图形上的 4 个尺寸，依次将其修改为如图 1-12 所示的数值。然后单击✓按钮退出二维绘图环境。

（6）在控制面板上设置模型高度尺寸为 100mm，如图 1-13 所示。

3. 创建第 2 个特征——圆角特征

（1）在特征工具栏中单击"倒圆角工具"按钮，启动倒圆角命令。

（2）按住 Ctrl 键选中如图 1-14 所示的 8 条边线。

（3）如图 1-15 所示，设置圆角半径为 20mm。

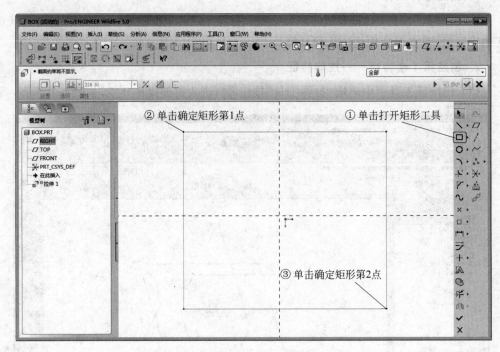

图 1-11　绘制截面草图(矩形盒)

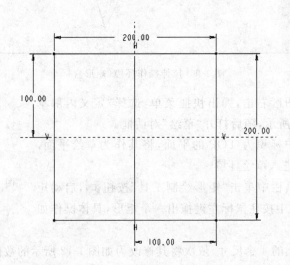

图 1-12　修改截面尺寸(矩形盒)

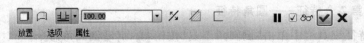

图 1-13　设置特征参数(矩形盒)

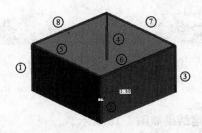

图 1-14 选取 8 条参照边(矩形盒)

图 1-15 设置圆角半径(矩形盒)

(4)单击鼠标中键,完成创建圆角特征,结果如图 1-16 所示。

图 1-16 倒圆角结果(矩形盒)

4. 创建第 3 个特征——壳特征

(1)在特征工具栏中单击"壳特征工具"按钮 ⓘ,执行"抽壳"命令。

(2)单击鼠标中键翻转模型,选取模型顶面为抽壳时应去除的表面,如图 1-17 所示。

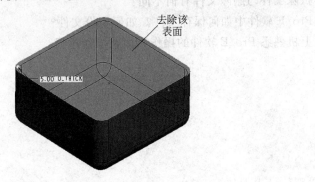

图 1-17 选取移除的表面(矩形盒)

5. 设置壳体厚度

设置壳体厚度为 5mm,如图 1-18 所示。

图 1-18   设置壳体厚度(矩形盒)

6. 创建结果

单击鼠标中键,盒体创建结果如图 1-19 所示。

图 1-19   盒体模型

盒体建模操作参考.mp4(7.40MB)

练   习

1. 写出 CAD/CAM 的基本概念。
2. 常用的 CAD/CAM 软件有哪几种?
3. 简述 CAD/CAM 技术发展趋势。
4. Pro/E 软件的特点是什么?
5. 设置工作目录有何好处?
6. 拭除文件与删除文件有何不同?
7. Pro/E 软件中如何保存文件? 如何备份文件?
8. 上机熟悉 Pro/E 软件的操作界面及操作过程。

项目 2

草 图 绘 制

任务 2.1 支架零件草绘

按图 2-1 所示的形状及尺寸，完成支架零件草图绘制。

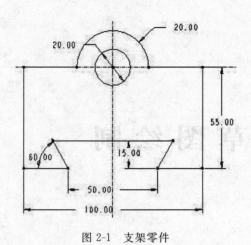

图 2-1　支架零件

2.1.1　任务解析

本任务以支架零件为载体,学习 Pro/E 软件草绘模块的操作方法,学习草绘工具的应用。

该草图由一个 φ20 圆、一段 R20 圆弧和 9 条直线组成,图形左右对称,需保证圆心的位置正确,因此,绘图时采用先定位再定形的方法,首先绘制两条相互垂直的中心线,然后绘制圆和圆弧,最后绘制直线。

利用草绘特征工具栏中的点、线、圆、弧、曲线绘制工具,大概绘制清楚零件的外观及要求。绘制完成后系统会自动产生强尺寸和弱尺寸,这些尺寸可作为后续编辑完善图形的依据。

注意:灵活运用中心线、基准点,或坐标系作为参照。

2.1.2　知识准备——草绘界面及草绘工具应用

1. 进入草绘界面

在 Pro/E 中进入草绘界面的方法是单击下拉菜单中的“文件”→“新建”命令,或单击“新建”图标□,弹出如图 2-2 所示的“新建”对话框,在对话框中选择“类型”为“草绘”,在“名称”后输入新建文件名,如 zhijia。单击 确定 按钮进入草绘界面,如图 2-3 所示。

2. 工具栏

常用工具栏如图 2-4 所示。

3. 特征工具栏

绘制截面的特征工具栏如图 2-5 所示,它是绘制截面图元的快捷工具图标的集合。

图 2-2　进入草绘模式(支架零件)

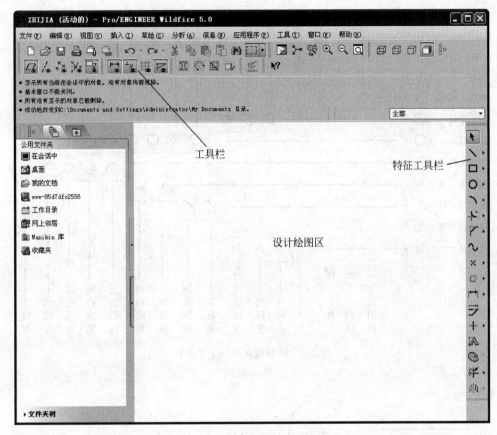

图 2-3 草绘界面(支架零件)

图 2-4 常用工具栏介绍

4. 特征工具栏操作步骤

(1) 选择工具。选择工具在编辑图元或截面尺寸时,用于选中图元或尺寸进行编辑。

① 单击特征工具栏中的"选择工具"图标,打开"选择工具"。

② 在待编辑图元或截面尺寸上单击或在屏幕上适当位置按住鼠标左键,窗选待编辑图元或截面尺寸,图元或截面尺寸可被单选或多选,选中图元或截面尺寸后会呈红色选中状态。选中的图元或截面尺寸可进行编辑操作。

③ 取消选中图元或截面尺寸,可在屏幕任意位置单击。

(2) 直线工具。在所有图形元素中,直线是最基本的图形元素。单击特征工具栏中"直线工具"图标,也可单击菜单中的"草绘"→"线"命令,绘制直线,直线绘制方法如图 2-6 所示。

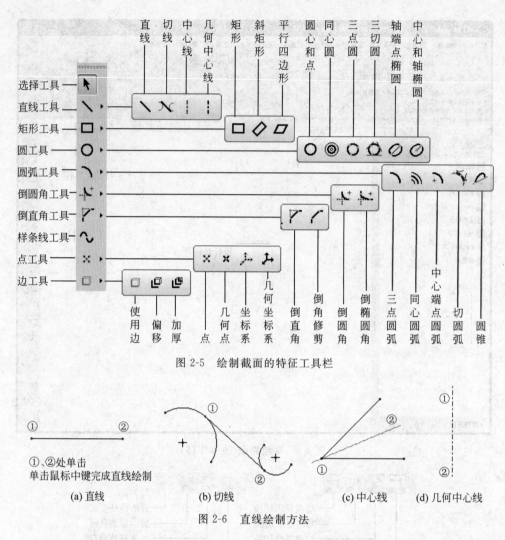

图 2-5　绘制截面的特征工具栏

图 2-6　直线绘制方法

（a）直线　　　（b）切线　　　（c）中心线　　　（d）几何中心线

（3）矩形工具。单击特征工具栏中"矩形工具"图标 ▢◇▱，也可单击菜单中的"草绘"→"矩形"命令，绘制矩形，矩形绘制方法如图 2-7 所示。

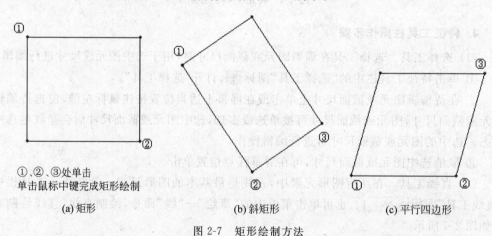

①、②、③处单击
单击鼠标中键完成矩形绘制

（a）矩形　　　（b）斜矩形　　　（c）平行四边形

图 2-7　矩形绘制方法

（4）圆工具。单击特征工具栏中"圆工具"图标 ⟨◎◎◎◎◎◎⟩，也可单击菜单中的"草绘"→"圆"命令，绘制圆和椭圆，圆和椭圆绘制方法如图2-8所示。

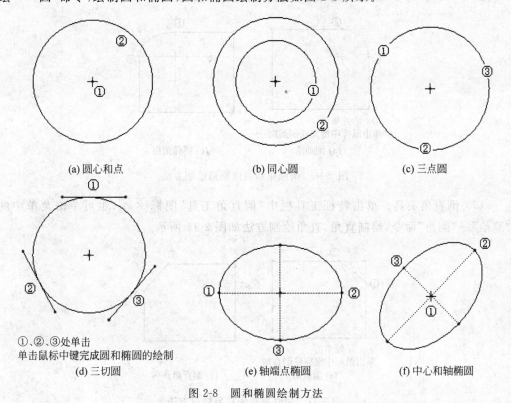

图 2-8　圆和椭圆绘制方法

（5）圆弧工具。单击特征工具栏中"圆弧工具"图标 ⟨ ╮╭ ╰ ⟩，也可单击菜单中的"草绘"→"圆弧"命令，绘制圆弧和圆锥，圆弧和圆锥绘制方法如图2-9所示。

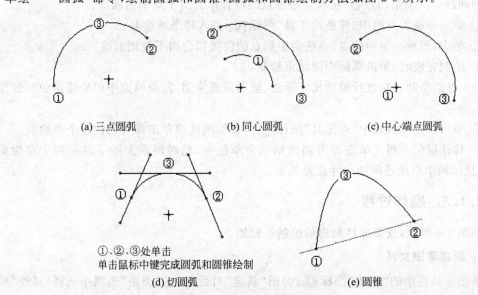

图 2-9　圆弧和圆锥绘制方法

(6) 倒圆角工具。单击特征工具栏中"倒圆角工具"图标 ，也可单击菜单中的"草绘"→"圆角"命令，绘制圆角，圆角绘制方法如图2-10所示。

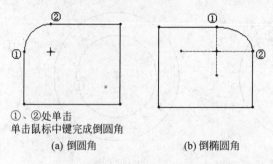

①、②处单击
单击鼠标中键完成倒圆角

(a) 倒圆角　　　　　　　(b) 倒椭圆角

图2-10　倒圆角和倒椭圆角绘制方法

(7) 倒直角工具。单击特征工具栏中"倒直角工具"图标 ，也可单击菜单中的"草绘"→"倒角"命令，绘制直角，直角绘制方法如图2-11所示。

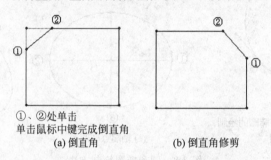

①、②处单击
单击鼠标中键完成倒直角

(a) 倒直角　　　　　　　(b) 倒直角修剪

图2-11　倒直角和倒直角修剪方法

(8) 样条线工具。所谓样条曲线，即光顺圆滑的弯曲线，是高级图形绘制中用得最多的一种曲线。只要给出点，系统就会根据点的位置拟合出不规则的曲线。

① 单击特征工具栏中"样条线工具"图标 ，进入样条线绘制。

② 单击，形成一系列的点，系统会根据点的位置拟合出不规则曲线。

③ 绘制完成时，单击鼠标中键结束绘制。

(9) 点的绘制。在进行辅助尺寸标注、辅助截面绘制、复杂模型中的轨迹定位时经常使用该命令。

① 单击特征工具栏中"点工具"图标 ，在绘图区域单击即可创建一个草绘点。

② 移动鼠标并再次单击即可创建第二个草绘点，此时屏幕上除了显示两个草绘点外，还显示两个草绘点间的尺寸位置关系。

2.1.3　操作过程

如图2-1所示，支架零件截面的绘制过程如下。

1. 新建草图文件

单击工具栏中的"新建"图标 ，弹出"新建"对话框，在"类型"选项中选择"草绘"模式，并输入零件名称"zhijia"，然后单击"确定"按钮，系统进入"草绘"模式。

2. 草图绘制

（1）绘制中心线。单击特征工具栏中"中心线"图标 ⫶，绘制图形如图 2-12(a)所示。

（2）画圆。单击特征工具栏中"圆心和点"图标 ○，绘制图形如图 2-12(b)所示。

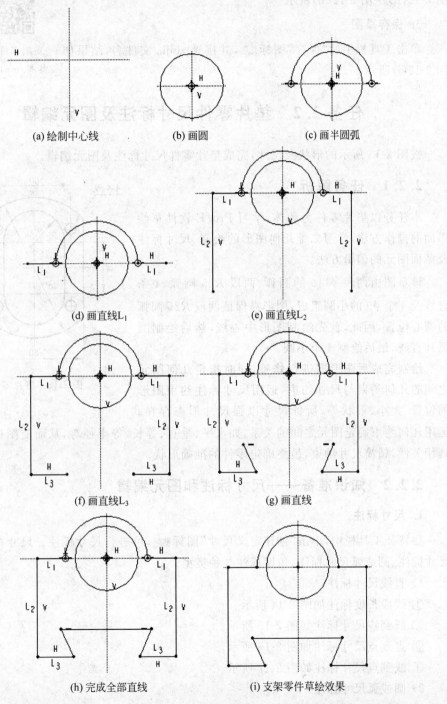

(a) 绘制中心线　　　　　　(b) 画圆　　　　　　(c) 画半圆弧

(d) 画直线L_1　　　　　　(e) 画直线L_2

(f) 画直线L_3　　　　　　(g) 画直线

(h) 完成全部直线　　　　　　(i) 支架零件草绘效果

图 2-12　支架绘制过程

（3）画半圆弧。单击特征工具栏中"中心端点圆弧"图标 ，绘制图形如图 2-12（c）所示。

（4）画直线。单击特征工具栏中"直线"图标 ，绘制图形如图 2-12（d）～图 2-12（h）所示。

3. 保存草图

单击工具栏中的"保存"图标 ，并接受 zhijia 文件名，结果如图 2-12（i）所示。

支架零件草绘操作
参考.mp4(4.68MB)

任务 2.2　垫片零件尺寸标注及图元编辑

按图 2-13 所示的形状及尺寸，完成垫片零件尺寸标注及图元编辑。

2.2.1　任务解析

本任务以垫片零件为载体，学习 Pro/E 软件草绘界面的操作方法，学习二维几何图形的绘制、尺寸标注及截面图元的编辑方法。

该草图由两段 $\phi110$ 的圆弧、两段 $R25$ 圆弧、4 条直线及 4 个 $\phi9$ 的小圆组成，图形需保证两段 $R25$ 圆弧的圆心位置，因此，首先绘制图形中心线，然后绘制圆弧和直线，最后绘制 4 个小圆。

绘制完成后图形需进行修整，同时指定几何图元之间的几何约束与尺寸约束，运用尺寸标注约束图形的位置、大小、形状等，所标尺寸以强尺寸形态存在。

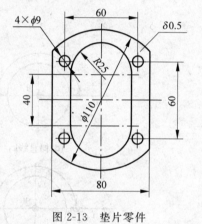

图 2-13　垫片零件

运用几何约束确定图元之间的关系，如水平、垂直、等长、等半径等，从而使图样的约束更具相关性，精简尺寸约束，最终确定零件的准确形状。

2.2.2　知识准备——尺寸标注和图元编辑

1. 尺寸标注

在特征工具栏中，单击"创建定义尺寸"图标 ，可进行尺寸标注。尺寸标注有直线尺寸标注、圆或弧尺寸标注、角度标注 3 种类型。

1）直线尺寸标注

① 线段长度标注如图 2-14 所示。

② 线到线尺寸标注如图 2-15 所示。

③ 点到点尺寸标注如图 2-16 所示。

④ 线到点尺寸标注如图 2-17 所示。

2）圆或弧尺寸标注

① 半径尺寸标注如图 2-18（a）所示。

② 直径尺寸标注如图 2-18(b)所示。

③ 旋转剖面的直径尺寸标注如图 2-19 所示。

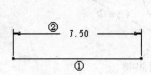

①处单击
②处单击鼠标中键

图 2-14　线段长度标注

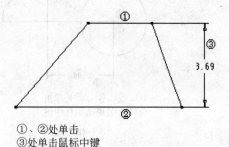

①、②处单击
③处单击鼠标中键

图 2-15　线到线的长度标注

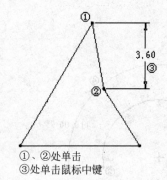

①、②处单击
③处单击鼠标中键

图 2-16　点到点的长度标注

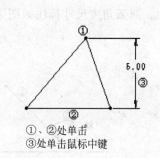

①、②处单击
③处单击鼠标中键

图 2-17　线到点的长度标注

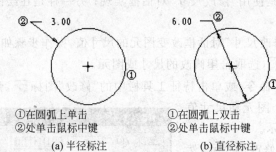

①在圆弧上单击
②处单击鼠标中键

(a) 半径标注

①在圆弧上双击
②处单击鼠标中键

(b) 直径标注

图 2-18　标注圆尺寸

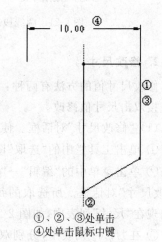

①、②、③处单击
④处单击鼠标中键

图 2-19　标注直径尺寸

④ 圆心到圆心尺寸标注的两种方法如图 2-20(a)和(b)所示。

⑤ 圆周到圆周尺寸标注：分别在两个圆或圆弧上单击,在指定尺寸放置位置单击鼠标中键,接着菜单上出现"竖直"及"水平"命令,选择所需的命令后,单击接受图标,即可产生两个圆或圆弧间的距离尺寸。

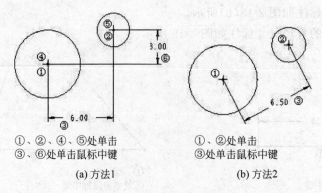

①、②、④、⑤处单击　　　　　　①、②处单击
③、⑥处单击鼠标中键　　　　　　③处单击鼠标中键

(a) 方法1　　　　　　　　　　　(b) 方法2

图 2-20　圆心到圆心尺寸标注

3）角度标注

① 两线段夹角角度标注如图 2-21 所示。

② 圆弧角度尺寸标注如图 2-22 所示。

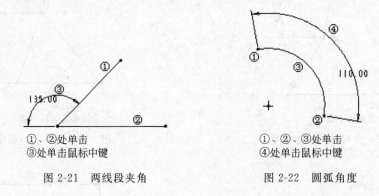

①、②处单击　　　　　　　　　①、②、③处单击
③处单击鼠标中键　　　　　　　④处单击鼠标中键

图 2-21　两线段夹角　　　　　图 2-22　圆弧角度

2. 修改尺寸

修改尺寸值的方法有两种：一种是使用"修改尺寸"对话框实现；另一种是在绘图区中直接双击尺寸值修改。

（1）"修改尺寸"对话框。使用"修改尺寸"对话框改变图元的尺寸值，操作步骤如下。

① 单击工具栏中的"选取"图标 ，选取希望修改的尺寸或图元。

② 单击菜单中的"编辑"→"修改"命令，或单击特征工具栏中的"修改"图标 ，弹出"修改尺寸"对话框。所选取的每一个图元和尺寸值都出现在"尺寸"列表中，如图 2-23 所示。

③ 在"尺寸"列表中，分别双击要修改的尺寸，然后输入新值，单击 按钮，则再生截面并关闭对话框。

下面详细讲解"修改尺寸"对话框中的选项。

a. 旋转轮盘。可以左右拖动，从而使尺寸数字呈现动态变化。

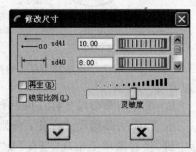

图 2-23　"修改尺寸"对话框

b. 灵敏度调控。左右拖动,使旋转轮盘变化数值的跨度比例变大或变小。

c. 再生(默认状态为选中)。当尺寸改变时,线条的几何形状或位置立即产生更新变化,如果用户输入的数值不合适,往往会导致再生失败或截面严重变形。

若没有选中"再生"复选框,则改变数值时不更新几何形状,所有尺寸指定完并且用户单击 ✔ 按钮后,才对整个截面全面更新。

注意:不选中"再生"复选框。

d. 锁定比例。是否锁定尺寸间的数值比例,默认是不选中。

(2)双击尺寸修改单个值。在绘图窗口中双击要修改的尺寸,可以修改单个尺寸值,如图 2-24 所示。

3. 修改约束条件

约束条件是指一系列的尺寸组合,它可以唯一地确定截面的形状特征。例如,一个三角形的约束条件可以是两个角和一条边,或者是两条边和一个角,还可以是 3 条边。

(1)修改约束条件。单击特征工具栏中的 ⊞ 图标,即可出现如图 2-25 所示的"约束"对话框。

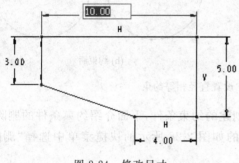

图 2-24 修改尺寸

图 2-25 "约束"对话框

十:使一条直线保持竖直状态,在截面上标记为 V;也可以使两个点保持竖直状态,在图上标记为⋮。

十:使一条直线保持水平状态,在截面上标记为 H;也可以使两个点保持水平状态,在图上标记为---。

⊥:使两条直线保持垂直状态,在截面上标记为⊥。

⌀:使两个图元保持相切状态,在截面图上标记为 T。

⟍:使一个点保持为一条直线的中点状态,在图上标记为 M。

⊙:使两个点保持同一个位置状态,在图上标记为○;也可以使两个线段保持共线状态,在图上标记为÷。

⊣⊢:使一条线段或者两个点保持关于中心线对称状态,在图上标记为→|←。

=:使两条直线保持长度相等状态,在图上标记为 L;也可以使两个圆或者圆弧的曲率或半径保持相等状态,在图上标记为 R。

∥:使两条直线保持平行状态,在图上标记为∥。

(2)修改范例。下面以两个圆作为操作对象的范例来介绍约束条件的使用。

① 单击特征工具栏中的 ➕· 图标,在弹出的"约束"对话框中单击 ➕ 图标,然后依次单击两个圆的圆心,则可以约束圆心在同一水平线上,如图 2-26 所示。

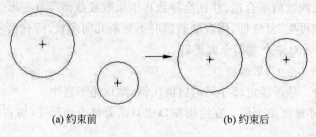

(a) 约束前   (b) 约束后

图 2-26   设置水平约束

② 单击 = 图标,然后单击两个圆的圆弧可以约束这两个圆相等,如图 2-27 所示。

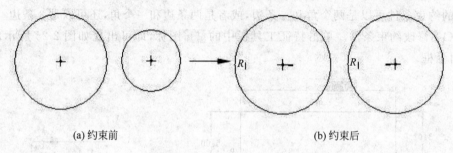

(a) 约束前   (b) 约束后

图 2-27   设置直径相等约束

根据设计需要,有时需要删除已经创建的约束条件,下面介绍约束条件的删除方法。

① 右击要删除的约束标记,在弹出的如图 2-28 所示的快捷菜单中选择"删除"命令即可。

② 如果一个截面的约束条件和强化尺寸的个数多于确定这个截面形状的个数时会产生约束冲突,系统会打开如图 2-29 所示的"解决草绘"对话框,与尺寸冲突时的修改方法相同,按照提示进行操作即可。

图 2-28   删除约束条件

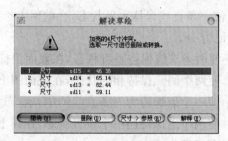

图 2-29   "解决草绘"对话框

4. 创建文本

(1) 单击特征工具栏中的"创建文本"图标 A,系统会提示设置文本的高度和方向的开始点(通常从左到右书写,文本的开始点位于整个文本的左下角),如图 2-30 所示。

（2）在绘图区某一位置单击，放置文本开始点。

（3）拖动至合适大小后单击，确定文本终止点。

（4）在"文本行"中输入文本，一般应少于 79 个字符。

（5）在文本命令中按需要调整"字体""长宽比"和"斜角"。

（6）如果希望文本呈弧状，可单击"沿曲线放置"命令，然后选择欲将文本放于其上的弧或圆。

（7）单击 确定 按钮，完成文本创建，生成文本如图 2-31 所示。

图 2-30 "文本"对话框

图 2-31 生成文本

5. 修剪截面图元

截面的修剪不仅仅是修剪功能，还有延伸及分割图元的功能。

1）动态修剪

单击特征工具栏中的 图标，拖动选择需要修剪的图元，与拖动的轨迹相交的图元就是要修剪的图元，如图 2-32(a)所示。

选择结束后放开鼠标左键即完成修剪，如图 2-32(b)所示。

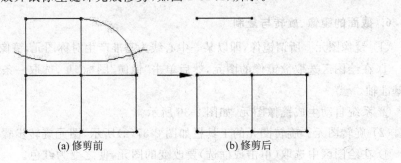

(a) 修剪前　　　　　　　　　(b) 修剪后

图 2-32 图元修剪 1

2）修剪与延伸

单击特征工具栏中的 ┼ 图标，依次选择需要修剪的两个图元，如图 2-33(a)所示，单击鼠标中键即可结束修剪，如图 2-33(b)所示。

注意：如果选择两平行线则该操作无效。

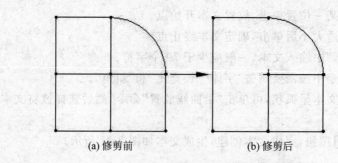

(a) 修剪前　　　　　(b) 修剪后

图 2-33　图元修剪 2

使用鼠标依次选择图 2-34(a)所示的两条线段,会产生图 2-34(b)所示的延伸和修剪结果。

3) 设置断点

设置断点可以将一个图元分割成为两个图元。

单击特征工具栏中的 图标,在要剪断的图元上设置断点位置并单击,则该图元分为两个图元,单击鼠标中键结束设置断点,如图 2-35 所示。

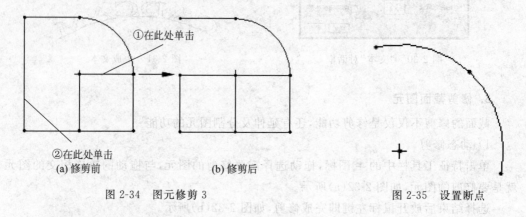

图 2-34　图元修剪 3　　　　　　图 2-35　设置断点

6. 截面的镜像、旋转与复制

(1) 镜像图元。所谓镜像,即以某一中心线为基准产生对称图元,镜像操作步骤如下。

① 在绘图区选取欲镜像的图元,然后单击"镜像"图标 ,选取一条中心线作为镜像的基准轴。

② 系统自动生成镜像图元,如图 2-36 所示。

(2) 旋转图元。旋转图元的工具栏如图 2-37(a)所示,图元旋转步骤如下。

① 在绘图区中选取(单击或框选)要改变的图元,使之变为红色。

② 单击旋转栏中的"旋转"图标 ,系统弹出如图 2-37(b)所示的"缩放旋转"对话框,并在所选图元上显示操作手柄,如图 2-37(c)所示。

③ 用鼠标左键选取相应的操作手柄,完成移动、缩放或转动等操作,或者在图 2-37(b)所示的"缩放旋转"对话框中输入精确数值。

④ 单击 按钮,确认并退出。

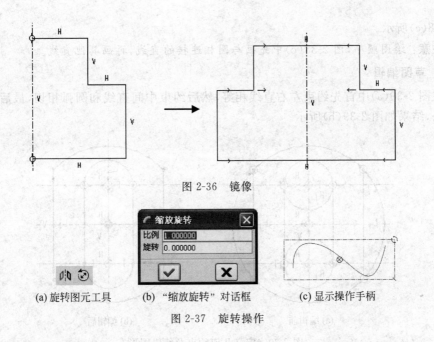

图 2-36 镜像

(a) 旋转图元工具   (b) "缩放旋转"对话框   (c) 显示操作手柄

图 2-37 旋转操作

2.2.3 操作过程

垫片零件截面的绘制步骤如下。

1. 新建草绘文件

单击工具栏中的"新建"图标 □，弹出"新建"对话框，在"类型"选项中选择"草绘"模式，并输入零件名称"dp"，选用默认模板，然后单击"确定"按钮，系统进入"草绘"模式。

2. 草图绘制

(1) 绘制中心线。单击特征工具栏中"中心线"图标 ⋮，绘制如图 2-38(a) 所示的 3 条水平中心线和一条铅垂中心线，并定义两水平线间的距离为 20。

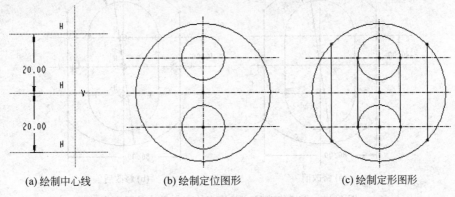

(a) 绘制中心线   (b) 绘制定位图形   (c) 绘制定形图形

图 2-38 垫片零件截面的绘制

(2) 草绘图形。首先绘制定位图形，接着画定形图形，然后连接，最后绘制其他特征，绘制方法与机械制图一致，这一步中的图形只需相似即可，绘图步骤如图 2-38(b)、

图 2.38(c)所示。

注意：绘图顺序，图 2-38(c)中先画与圆相连接的直线，再画其他直线。

3. 草图编辑

在图 2-39(a)中首先约束左右直线相等，然后约束中间直线和圆弧相切，最后修剪多余线条，结果如图 2-39(b)所示。

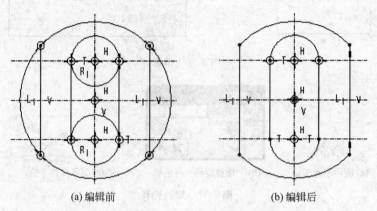

(a) 编辑前　　　　　　　　(b) 编辑后

图 2-39　定义几何约束及编辑图形

4. 标注、修改尺寸

为了使标注明了，先单击"关闭约束显示"图标 <sub>关闭约束显示，再单击"尺寸显示"图标，然后在绘图区中双击尺寸值，对尺寸进行修改，如图 2-40(a)所示。

单击"几何约束显示"图标 和"尺寸约束显示"图标 ，检查约束与尺寸是否完全，是否有缺漏，整理尺寸位置并作出调整，使图形更规范整洁，尽量符合机械制图规范，如图 2-40(b)所示。

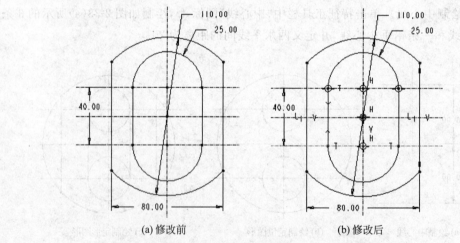

(a) 修改前　　　　　　　　(b) 修改后

图 2-40　标注修改尺寸并检查约束与尺寸是否完全

5. 绘制 4 个 ϕ9 的小圆

先在图上适当位置画出 4 个小圆，然后约束为等直径，约束圆心左右上下对称，最后标注定位尺寸并修改尺寸,完成结果如图 2-41 所示。

6. 保存文件

单击工具栏中的"保存"图标 🖫,并接受 dp 文件名。

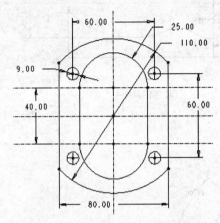

图 2-41　绘制 4 个小圆后的完成图　　　垫片零件尺寸标注及图元编辑操作参考.mp4(12.3MB)

练　习

按图 2-42(a)～图 2-42(e)所示的零件截面形状和尺寸,绘制零件截面草图。

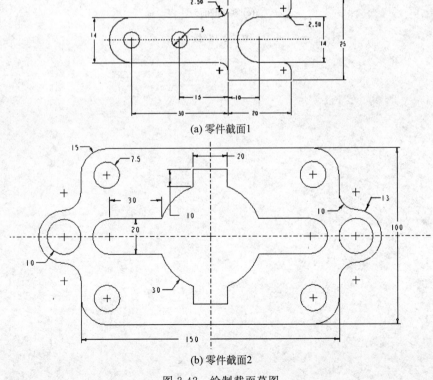

(a) 零件截面1

(b) 零件截面2

图 2-42　绘制截面草图

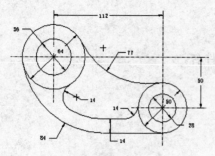

(c) 零件截面3

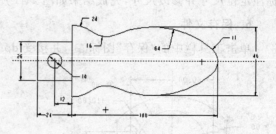

(d) 零件截面4

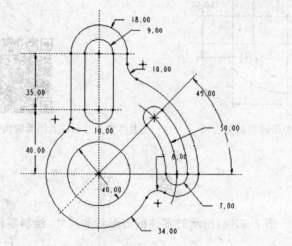

(e) 零件截面5

图　2-42(续)

三维实体建模

任务 3.1　从动轴拉伸建模

按图 3-1 所示的形状和尺寸，完成齿轮油泵从动轴拉伸建模。

3.1.1　任务解析

本任务以齿轮油泵从动轴零件为载体，学习 Pro/E 5.0 软件实体建模界面的操作和使用，学习三维几何图形的拉伸建模方法，以及基准平面

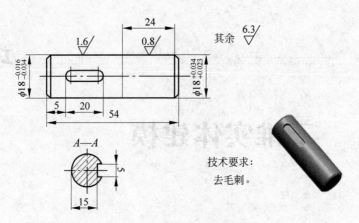

图 3-1　齿轮油泵从动轴

创建、倒角创建的技巧。

从动轴零件建模步骤如图 3-2 所示。

拉伸　　　　　拉伸切减　　　　　倒直角

图 3-2　从动轴零件建模步骤

3.1.2　知识准备——拉伸特征

用 Pro/E 5.0 软件创建零件模型,其方法十分灵活,主要有如下 3 种方法。①"积木"式的方法。这是大部分机械零件的实体三维模型的创建方法。这种方法先创建一个反映零件主要形状的基础特征,然后在这个基础特征上添加其他特征,如伸出、切槽(口)等。②由曲面生成零件实体的方法。这种方法先创建零件的曲面特征,然后把曲面转换成实体模型。③从装配中生成零件实体的方法。这种方法先创建装配体,然后在装配体中创建零件。

本任务主要学习用第一种方法创建零件模型的工作过程。

应用拉伸工具建模是"面动成体"思路最简单最直接的体现,首先绘制截面图形,然后将此截面沿其垂直方向移动一定的距离来生成体积或切除材料,如图 3-3 所示。它主要应用于截面形状复杂而轴向比较简单的物体建模。

拉伸建模的方法与步骤如下。

1. 设置工作目录

单击菜单中的"文件"→"设置工作目录"命令,在弹出的对话框中选择和设置工作目录为 E:\xm03。

2. 新建文件

(1) 在工具栏中单击"新建文件"图标□,或单击菜单中的"文件"→"新建"命令。此时系统弹出如图 3-4 所示的文件"新建"对话框。

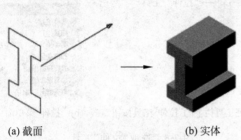

(a) 截面　　　　　(b) 实体

图 3-3　拉伸建模　　　　　　　　　图 3-4　文件"新建"对话框

（2）选择文件类型和子类型。在对话框中选中"类型"选项组中的"零件"单选按钮，选中"子类型"选项组中的"实体"单选按钮。

（3）输入文件名。在"名称"文本框中输入文件名 gongzigang，单击 确定 按钮，进入拉伸造型界面。

其他说明如下。

① 每次新建一个文件时，Pro/E 会显示一个默认名。如果要创建的是零件，默认名的格式是 prt 后跟一个序号（如 prt0001），以后再新建一个零件，序号自动加 1。

② 可以取消选中"使用缺省模板"复选框并选取适当的模板，默认模板是 mmns_part_solid 公制模板。

3. 建立基础特征

基础特征是一个零件的主要轮廓特征，一般由设计者根据零件的设计意图和零件的特点灵活掌握。本例中的套零件的基础特征是一个拉伸（Extrude）特征。

（1）选取拉伸特征命令。

进入拉伸造型界面后，屏幕的绘图区中显示如图 3-5 所示的 3 个相互垂直的默认基准平面 TOP、FRONT 和 RIGHT，如果没有显示，可单击工具栏中的 按钮将其显示出来。

使用"拉伸"工具时，单击特征工具栏上的 按钮，或单击菜单中的"插入"→"拉伸"命令，如图 3-6 所示。

以下两种方法可使用拉伸工具。

① 选取已有草绘图形，然后单击 按钮。此方法称作"对象→操作"，推荐使用。

② 单击 按钮，创建要拉伸的草绘截面。此方法称作"操作→对象"。

（2）选取拉伸类型。

单击特征工具栏上的 按钮后，屏幕中间会出现如图 3-7 所示的操作面板。在操作面板中有多种选项，默认情况下 为按下状态。

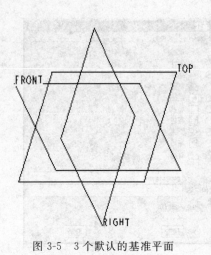

图 3-5 3 个默认的基准平面

(a) 特征工具栏上的"拉伸"工具按钮　　　(b)"拉伸"菜单命令

图 3-6 选取"拉伸"工具

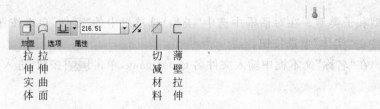

图 3-7 "拉伸"操作面板

拉伸特征的比较见表 3-1。

表 3-1 拉伸特征比较

特征类型	操作面板设置	特征模型
拉伸实体		
实体切减拉伸		
薄壁拉伸		
薄壁切减拉伸		

（3）定义草绘截面属性。

首先在操作面板中单击"放置"按钮，然后在弹出的界面中单击"定义"按钮，如图 3-8 所示，进入"草绘"对话框，如图 3-9(c)所示。

其次定义草绘平面。草绘平面是特征截面或轨迹的绘制平面，可以是基准平面，也可以是实体的某个表面，可通过鼠标单击选取。如果以前使用

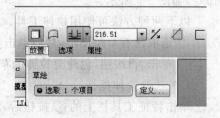

图 3-8 操作面板（从动轴）

过草绘平面,选择 使用先前的 命令,则把前一个特征的草绘平面及其方向作为本特征的草绘平面和方向。

本例选取 RIGHT 基准平面作为草绘平面,操作方法如下。

将鼠标指针移至图形区中的 RIGHT 基准面的边线或 RIGHT 字符附近,该基准平面的边线外会出现青色加亮的边线,且 RIGHT 字符也变成青色,此时单击,RIGHT 基准面就被定义为草绘平面,这时 RIGHT 基准面的外边线和 RIGHT 字符从青色变成红色,并且"草绘"对话框中"草绘平面"区域的文本框中显示出"RIGHT:F1(基准平面)"。也可以通过左边的模型树来选择草绘平面,选择结果如图 3-9 所示。

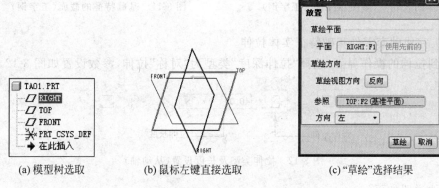

(a) 模型树选取 (b) 鼠标左键直接选取 (c) "草绘"选择结果

图 3-9 定义草绘平面(从动轴)

然后定义草绘视图方向,本例草绘视图方向设置为顶参照。

其他说明如下。

完成定义草绘平面后,图形区中 RIGHT 基准面的边线旁边会出现一个黄色的箭头,如图 3-9(b)所示,该箭头方向表示查看草绘平面的方向。如果要改变该箭头的方向,有两种方法:一是单击"草绘"对话框中的"反向"按钮,如图 3-9(c)所示。二是将鼠标指针移动到该箭头附近,右击,选择"反向"命令。

最后是草绘平面的定向。草绘平面选取后,单击对话框中的"草绘"按钮,系统即让草绘平面与屏幕平行,并按所指定的定向方位来摆放草绘平面。

(4) 创建工字钢拉伸截面草图。

进入草绘环境后,系统弹出如图 3-10 所示的"参照"对话框,单击"关闭"按钮关闭对话框,则接受系统默认的参照 TOP 和 FRONT 基面。基础拉伸特征的截面草绘图形如图 3-11 所示。

其他说明如下。

① 绘制实体拉伸的截面必须闭合,截面任何部位不能有缺口。

② 截面的任何部位不能伸出多余的线头。

③ 截面可以包含一个或多个封闭环,但环与环之间不能相交或相切,生成实体后外环以实体填充,而内环则生成孔。

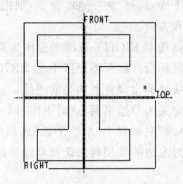

图 3-10 "参照"对话框(工字钢)　　　　图 3-11 基础特征的截面(工字钢)

（5）完成轴套零件基础特征实体拉伸。

回到拉伸的操作界面,选择"拉伸深度"类型为"对称"拉伸,参数设置如图 3-12 所示。

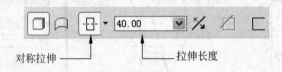

对称拉伸　　　　　　　　　拉伸长度

图 3-12 拉伸类型及长度设置(从动轴)

其他说明如下。

① 指定拉伸特征的深度有几种不同的选项,如图 3-13 所示。

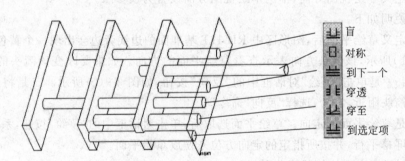

盲
对称
到下一个
穿透
穿至
到选定项

图 3-13 拉伸长度类型

盲——自草绘平面开始,指定截面拉伸深度值。

对称——在草绘平面两侧,指定截面拉伸深度值。

到下一个——拉伸截面至下一曲面。使用此选项,在特征到达第一个曲面时将其终止。

穿透——拉伸截面,使之与所有曲面相交。使用此选项,在特征到达最后一个曲面时将其终止。

穿至——将截面拉伸,使其与选定曲面或平面相交。

到选定项——将截面拉伸至一个选定点、曲线、平面或曲面。

注意：用"盲"指定一个负的深度值会反转深度方向；用"到下一个"时，基准平面不能被用作终止曲面；对于"穿至"和"到下一个"深度选项，拉伸的轮廓必须位于终止曲面的边界内，而"到选定项"没有这个限制，图 3-13 显示了它们的区别。

② 特征的所有参数定义完后，可单击操作面板中的"预览"按钮，预览所创建的实体，以检查各要素的定义是否正确，以便随时修改。

③ 预览完成后，单击操作面板中的"完成"按钮 或单击鼠标中键，最终完成基础特征的创建，如图 3-14 所示。

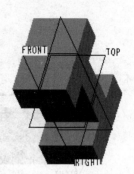

图 3-14 工字钢模型的基础特征

3.1.3 操作过程

从动轴零件建模过程如下。

(1) 选择"文件"→"设置工作目录"命令，设置硬盘中 xm03 文件夹为工作目录。

(2) 选择"文件"→"新建"命令，新建名称为 cdz.prt 的实体文件，取消选中"使用默认模板"复选框，选用 mmns_part_solid 模板，单击"确定"按钮，进入实体建模界面。

(3) 单击"拉伸工具"按钮 ，选择草图平面为 RIGHT，草绘方向参照为 TOP，左，绘制截面草图如图 3-15 所示，单击 按钮，在操作面板中选择拉伸方式为"盲孔" ，设置拉伸深度值为 54.00mm，单击 按钮，完成实体拉伸，如图 3-16 所示。

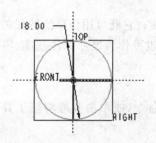

图 3-15 截面草图(从动轴)

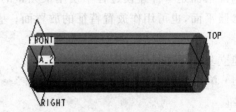

图 3-16 拉伸实体(从动轴)

(4) 单击"基准平面"按钮 ，选择 TOP 平面，设置偏距值为 9.00mm，在"基准平面"对话框中单击"确定"按钮，创建新的参照平面 DTM1，基准平面如图 3-17 所示。

(5) 单击"拉伸工具"按钮 ，选择草图平面为 DTM1，草绘方向参照为 RIGHT，右，绘制草图如图 3-18 所示，单击 按钮，在操作面板中选择添加材料方式为"切除材料" ，选择拉伸方式为"盲孔" ，拉伸深度为 3.00mm，单击 按钮，完成实体拉伸，如图 3-19 所示。

(6) 单击"倒角工具"按钮 ，在操作面板中设置倒角方式为 $45 \times D$，尺寸为 1.00mm，选择实体两端的棱边，单击 按钮，完成实体倒角，如图 3-20 所示。

(7) 选择"文件"→"保存"命令，保存文件并退出。

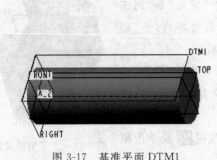

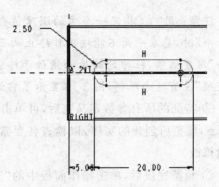

图 3-17　基准平面 DTM1　　　　　　　　　　图 3-18　草图(从动轴)

图 3-19　切除材料(从动轴)　　　图 3-20　齿轮油泵从动轴　　　从动轴拉伸建模操作
参考.mp4(7.22MB)

3.1.4　知识拓展——建立基准平面、倒直角

1. 建立基准平面

基准平面是零件建模过程中使用最频繁的基准特征。它既可用作草绘特征的草绘平面和参照平面,也可用作放置特征的放置面;基准平面也可作为尺寸标注基准、零件装配基准等。

建立基准面的操作步骤如下。

(1) 单击菜单中的"插入"→"模型基准"→"平面"命令,或单击基准特征工具栏中的 ▱ 按钮。

(2) 在图形窗口中为新的基准平面选择参照。在"基准平面"对话框的"参照"栏中选择合适的约束(如偏移、平行、法向穿过等)。

(3) 若选择多个对象作为参照,应按 Ctrl 键。

(4) 重复步骤(2)～(3),直到必要的约束建立完毕。

(5) 单击"确定"按钮,完成基准平面的创建。

实例 3-1: 建立通过轴线的基准平面。

① 单击基准特征工具栏中的 ▱ 按钮。

② 在图形窗口中单击图 3-20 所示模型的基准轴线 A-2,"基准平面"对话框的"参照"栏中显示"穿过"约束类型。

③ 按住 Ctrl 键,单击 RIGHT 基准平面,模型显示经过基准轴线 A-2 且与 RIGHT 基准面成 45°的基准平面,如图 3-21 所示。相应的"基准平面"对话框如图 3-22 所示。

④ 在对话框中修改旋转角度值为 65°,单击"确定"按钮,完成基准平面 DTM1 的建立。

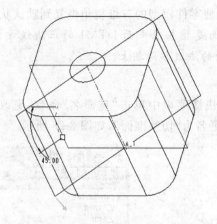

图 3-21　45°的基准平面　　　　　　图 3-22　"基准平面"对话框 1

实例 3-2：建立与圆柱面相切且平行 DTM1 的基准平面。

① 单击基准特征工具栏中的 ⧄ 按钮。

② 单击模型中最大直径的圆柱形表面。

③ 按住 Ctrl 键，单击实例 3-1 建立的基准平面 DTM1。

④ 在"基准平面"对话框中选择"相切"和"平行"约束类型，如图 3-23 所示。

⑤ 产生与圆柱形表面相切的基准平面 DTM2。

⑥ 单击"确定"按钮，完成基准平面 DTM2 的建立，如图 3-24 所示。

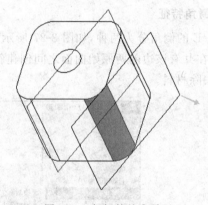

图 3-23　"基准平面"对话框 2　　　　　图 3-24　相切的基准平面

提示：选择模型表面或基准平面时，只需在选择的面附近移动光标，相应的面将高亮显示，同时光标旁也显示该面的名称，然后单击即可选中高亮显示的平面。

实例 3-3：用 DTM1 设定视角。

① 单击工具栏中的"重定向视图"按钮 ⧉。

② 选择 DTM1 为前参照面。

③ 选择模型的上端面为上参照面。

④ 零件视图如图 3-25 所示。

⑤ 单击"方向"对话框中的"默认"按钮,使零件模型的三维视角恢复到默认状态。

提示:选择基准平面DTM1为前参照面是指基准平面DTM1的正法线方向朝前;选择模型上端面为上参照面是指模型上端面的法线方向朝上。

2. 修改基准平面

(1) 在模型树中右击DTM1,在弹出的快捷菜单中单击"重命名"命令,更改DTM1的名称为"过轴基准面"。同样可将DTM2更名为"切基准面",如图3-26所示。

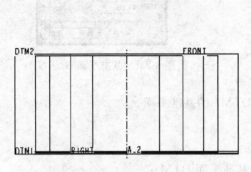

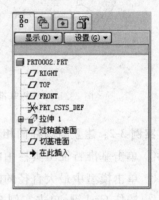

图 3-25　用DTM1定向示意图　　　　　图 3-26　重命名后的模型树

(2) 在模型树中右击DTM1,在弹出的快捷菜单中单击"编辑"命令,可以对DTM1中的尺寸重新进行设定,然后单击菜单工具栏中的"再生"命令即可。

3. 倒角特征

Pro/E的倒角分为两种,如图3-27所示。①边倒角,从选定边中截掉一块平直剖面的材料,在共有该边的两原始曲面之间创建斜角曲面;②拐角倒角,从拥有3条边的零件顶角点去除材料。

图 3-27　倒角类型

(1) 边倒角的创建。单击菜单中的"插入"→"倒角"→"边倒角"命令,进入边倒角特征操作界面,如图3-28所示。

提示:一个边倒角特征中也可以有多个设置集,如果按Ctrl键选多个边,则这些边会同时进行倒斜角,如不按Ctrl键选多个边,则系统会自动为各边增加多个不同设置。

边倒角形状参数的设定也有多种方式,如图3-29所示。

在选择好形状参数设定方式并输入对应的参数后,即可完成边倒角特征的创建。

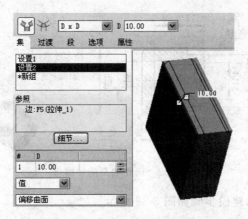

图 3-28 边倒角特征操作界面

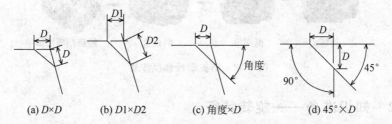

(a) D×D   (b) D1×D2   (c) 角度×D   (d) 45°×D

图 3-29 常用的形状参数设定方式

（2）拐角倒角的创建。单击菜单中的"插入"→"倒角"→"拐角倒角"命令，系统弹出"倒角（拐角）：拐角"对话框，如图 3-30 所示。

此时系统提示选择用于定义顶角的边，一般按 Ctrl 键选择组成顶角的两个边即可确定顶角；如果要精确控制拐角倒角的尺寸，在"菜单管理器"中选择"输入"，即可在主界面下方逐条输入各边被截去的长度，当输入某边被截去的长度时，该边会以绿颜色显示。各边被截去的长度确定后，单击图 3-30 所示的"倒角（拐角）：拐角"对话框中的"确定"按钮，即可完成拐角倒角特征的创建。

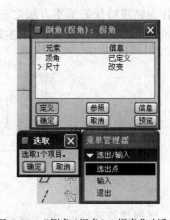

图 3-30 "倒角（拐角）：拐角"对话框

任务 3.2　防护螺母旋转建模

按图 3-31 所示的形状和尺寸，完成齿轮油泵防护螺母旋转建模。

3.2.1　任务解析

本任务以齿轮油泵防护螺母零件为载体，学习 Pro/E 5.0 软件实体建模界面的操作和应用，学习三维几何图形的旋转建模方法，以及倒角特征的创建及螺旋扫描的技巧。

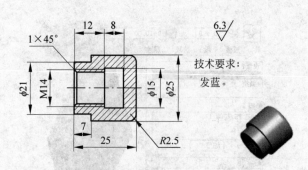

图 3-31　齿轮油泵防护螺母

齿轮油泵防护螺母建模步骤如图 3-32 所示。

旋转　　　　倒圆角　　　　倒直角　　　螺旋扫描切口

图 3-32　防护螺母建模步骤

3.2.2　知识准备——旋转特征

旋转特征是通过将草绘截面中心线旋转一定角度来创建的一类特征,可将"旋转"工具作为创建特征的基本方法之一,如图 3-33 所示。这类似于机械制造中的车削工艺,主轴带动工件旋转,刀具相对于主轴按一定的轨迹做进给运动就可以加工出回转类的零件。

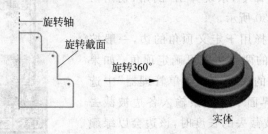

图 3-33　旋转特征

要创建旋转特征,首先激活旋转工具,并指定特征类型为实体;然后创建包含旋转轴和要绕该旋转轴的截面草绘;创建有效截面后,旋转工具将构建默认旋转特征,并显示几何预览;最后可改变旋转角度,在实体或曲面、伸出项或切口间进行切换,或指定草绘厚度以创建薄壁特征。

1. 实体旋转特征

下面以圆环零件为例,如图 3-34 所示,讲解实体旋转特征的建立过程。

操作步骤如下。

(1) 执行"插入"→"旋转"命令或者在特征工具栏中单击 按钮,　图 3-34　圆环在主视区下侧就会出现旋转特征的操作面板,如图 3-35 所示。

图 3-35　实体"旋转特征"操作面板

(2) 在操作面板中单击"位置"按钮,然后在弹出的界面中单击"定义"按钮,进入"草绘"对话框,如图 3-36 和图 3-37 所示定义草绘平面。

图 3-36　实体操作面板

(3) 在绘图区选择 FRONT 基准面作为草绘平面,这时草绘方向栏中就会出现默认的草绘视角(也可以重新设定),如图 3-36 所示。

注意:关于"草绘平面"和"草绘方向"的处理类似于拉伸特征。

(4) 单击"草绘"按钮,出现"参照"对话框。系统自动生成 F1(RIGHT)、F2(TOP)两个参照。单击"关闭"按钮,进入草绘模式。

(5) 草绘模式中,在 F3(FRONT)参照上画一条中心线作为旋转轴,截面必须在旋转轴的一侧,绘制如图 3-38 所示的截面图形,并标注尺寸。

图 3-37　"草绘"平面选择对话框

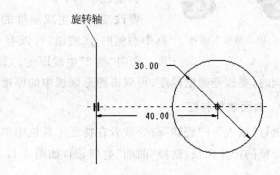

图 3-38　圆环截面

提示:如果在绘图过程中,先后绘制了多条中心线,则系统会自动把第一条中心线作为旋转轴。

(6) 确认截面完成后单击✔按钮,单击操作面板上的▶按钮,确认操控板上各按钮的状态,"实体""可变"角度选项及深度值为 360°,如图 3-35 所示。这时在绘图区出现黄色的几何预览和深度图柄,把视图调整到合适的方向后,可用鼠标拖动此图柄来动态地修改特征的旋转角度。

其他说明如下。

在旋转特征中,将截面绕一旋转轴旋转至指定角度。通过选取下列角度选项之一可定义旋转角度。

⊥可变——自草绘平面以指定角度值旋转截面。在文本框中输入角度值,或选取一个预定义的角度(90°、180°、270°、360°)。如果选取一个预定义角度,则系统会创建角度尺寸。

中对称——在草绘平面的每一侧上以指定角度值的一半旋转截面。

⊥到选定项——旋转截面直至一选定基准点、顶点、平面或曲面。

注意:终止平面或曲面必须包含旋转轴。

(7)单击 ∞ 按钮预览此特征,若有问题会有提示,以便及时修改。

(8)单击 ☑ 按钮或单击鼠标中键,完成此旋转特征的建立,如图3-34所示。

2. 薄壁旋转特征

执行"插入"→"旋转"命令或者在特征工具栏中单击 ∞ 按钮,在主视区下侧就会出现旋转特征的操作面板,选择"薄壁"类型 □ ,参数设置如图3-39所示。

图3-39　薄壁"旋转特征"操作面板

其他步骤同实体旋转特征,薄壁半圆环完成图如图3-40所示。

其他说明如下。

要改变薄壁生成厚度的一侧,可单击操作面板中厚度尺寸

图3-40　薄壁半圆环

框中右侧的 ⅛ 按钮,可以有3种选择方式:①向"侧1"生成厚度;②向"侧2"生成厚度;③向两侧生成厚度。

同时,要改变薄壁厚度,可双击图形区域中的厚度尺寸并输入新值即可。

3. 曲面旋转特征

执行"插入"→"旋转"命令或者在特征工具栏中单击 ∞ 按钮,在主视区下侧就会出现旋转特征的操作面板,选择"曲面"类型 ▨ ,如图3-41所示。

图3-41　曲面"旋转特征"操作面板

其他步骤同实体旋转特征,曲面半圆环完成图如图3-42所示。

其他说明如下。

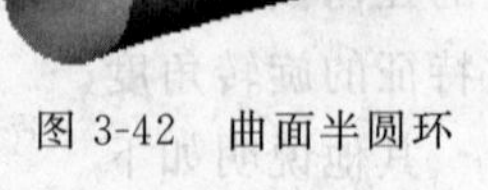

如果已将闭合截面用于旋转特征,则可关闭旋转曲面的端

图3-42　曲面半圆环

点。单击操作面板上的"选项"按钮,弹出上滑面板,然后选择"封闭端"命令。

3.2.3　操作过程

防护螺母零件建模过程如下。

(1) 选择"文件"→"设置工作目录"命令,设置硬盘中 xm03 文件夹为工作目录,以后所有新建文件都直接保存到工作目录。

(2) 选择"文件"→"新建"命令,新建名称为 fhlm. prt 的实体文件,取消选中"使用缺省模板"复选框,选用 mmns_part_solid 模板,单击"确定"按钮,进入实体建模界面。

(3) 单击"旋转工具"按钮 ❖,选择草图平面为 FRONT,草绘方向参照为 RIGHT,右,绘制截面草图如图 3-43 所示,单击 ✔ 按钮,在操作面板中设置旋转角度值为 360°,单击 ✔ 按钮,完成实体旋转,如图 3-44 所示。

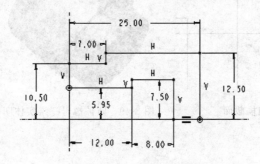

图 3-43　截面草图(防护螺母)

(4) 单击"倒圆角工具"按钮 ◝,在操作面板中设置倒圆角尺寸为 2.50mm,选择实体右端的棱边,单击 ✔ 按钮,完成实体倒圆角,如图 3-45 所示。

图 3-44　拉伸实体(防护螺母)　　　　图 3-45　倒圆角(防护螺母)

(5) 单击"倒角工具"按钮 ◝,在操作面板中设置倒角方式为 $D \times D$,尺寸为 1.00mm,选择实体左端内孔的棱边,单击 ✔ 按钮,完成实体倒角,如图 3-46 所示。

(6) 选择"插入"→"螺旋扫描"→"切口"命令,在"属性"菜单中选择"常数"→"穿过轴"→"右手定则"→"完成"命令。

(7) 选择扫描轨迹草绘平面为 TOP 平面,选择草绘方向参照为"正向"→"缺省",草绘扫描轨迹,单击 ✔ 按钮,完成草绘,如图 3-47 所示,输入螺距为 1.00mm,单击 ✔ 按钮,绘制扫描截面,如图 3-48 所示,单击 ✔ 按钮。

(8) 在"切减:螺旋扫描"对话框中单击"确定"按钮,完成螺纹扫描,如图 3-49 所示。

图 3-46　倒角(防护螺母)

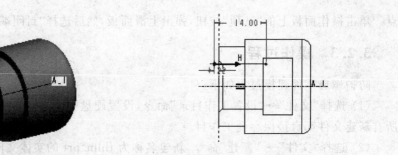

图 3-47　绘制扫描轨迹

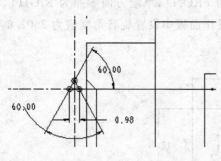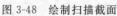

图 3-48　绘制扫描截面

图 3-49　防护螺母三维实体图

防护螺母旋转建模操作
参考.mp4(14.5MB)

3.2.4　知识拓展——螺旋扫描、倒圆角

1. 螺旋扫描

螺旋扫描是将一个截面沿着螺旋轨迹曲线扫描,从而形成螺旋扫描特征的造型方法。常见的造型有螺纹零件、弹簧、冷却管、线圈绕组等具有螺旋线特征的模型。

在零件模式下,选择"插入"→"螺旋扫描"→"切口"命令(或者"伸出项""薄板伸出项""薄板切口""曲面"命令),系统打开"切减:螺旋扫描"对话框和"属性"菜单管理器,如图 3-50 所示。

图 3-50　螺旋扫描菜单

该下拉菜单中包含了螺旋扫描特征的 3 种属性类型。这 3 种属性又细分为"属性"菜单中的各选项内容,见表 3-2。

表 3-2 螺旋扫描"属性"类型列表

类 型	分 类	说 明
螺距	常数	螺距一定,为不变的常数
	可变的	螺距可以在轨迹线端点和中间节点设定不同值
剖面放置形式	穿过轴	草绘剖面围绕螺旋中心线扫描
	轨迹法向	草绘剖面与轨迹线相互垂直
旋转方向	左手定则	左旋
	右手定则	右旋

在表 3-2 中列举的不同属性类型,将直接影响扫描特征的形状。下面通过一个螺纹零件实例介绍螺旋扫描特征的创建过程。

1) 新建文件

打开"新建"对话框,选中"零件""实体"单选按钮,在"名称"文本框中输入 lwlj。然后取消选中"使用缺省模板",单击"确定"按钮进入"新文件选项"对话框。选择模板为mmns_part_solid,单击"确定"按钮进入零件模式。

2) 绘制轨迹线和截面

在零件模式下,选择"插入"→"螺旋扫描"→"切口"命令,打开"切剪:螺旋扫描"对话框和"属性"菜单管理器,如图 3-50 所示。

在"属性"菜单中,依次选择"常数"→"穿过轴"→"右手定则"→"完成"命令,系统提示选取草绘平面。选取基准平面 FRONT 为草绘平面,并选择方向为正向。然后在"草绘视图"菜单中选择"缺省"命令,进入草绘环境,如图 3-51 所示。

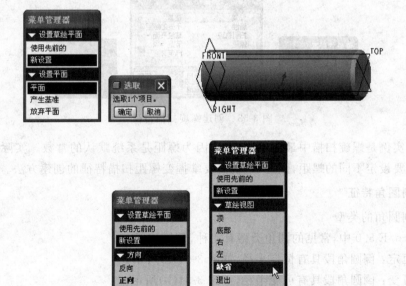

图 3-51 进入草绘环境(螺纹零件)

在草绘环境中,绘制扫描的轨迹线并标注尺寸值。完成后单击"确定"按钮 ✓ ,在信息栏的"输入节距"文本框中输入 2(这里节距指的是螺距),单击"确定"按钮 ☑ 确认操作。

　　然后在草绘环境中绘制扫描的剖截面,完成后单击"确定"按钮 ✓ 退出草绘环境,如图 3-52 所示。

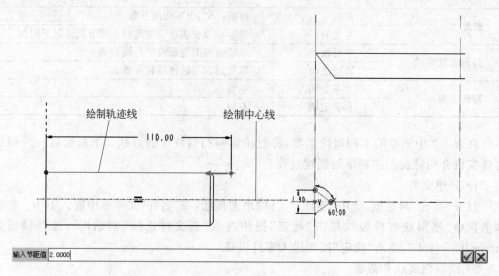

图 3-52　绘制轨迹线和截面

3) 创建螺旋扫描特征

　　此时系统打开"方向"菜单,选择"正向"选项作为切口生成方向。最后,在"切剪:螺旋扫描"对话框中单击"确定"按钮,完成扫描特征创建,如图 3-53 所示。

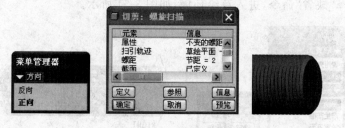

图 3-53　创建螺旋扫描特征

　　以上实例是螺旋扫描中最简单的一种,因为螺距是系统默认的常数。实际上在创建模型时需要设定不同的螺距,因此,这就需要掌握变螺距扫描特征的创建方法。

2. 倒圆角特征

1) 倒圆角的类型

在 Pro/E 5.0 中,常见的圆角类型有 4 种,具体如下。

① 恒定:倒圆角段具有恒定半径,如图 3-54(a)所示。

② 可变:倒圆角段具有可变半径,如图 3-54(b)所示。

③ 由曲线驱动的倒圆角:倒圆角的半径由基准曲线确定,如图 3-54(c)所示。

④ 完全倒圆角:这种圆角会替换选定曲面,如图 3-54(d)所示。

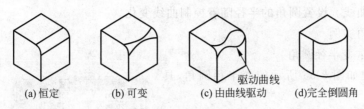

图 3-54 倒圆角的类型

2) 倒圆角特征选项设置

在 Pro/E 5.0 中创建圆角特征的顺序是先从菜单中选择"插入"→"倒圆角"命令,或者在工具条中单击 按钮,然后设置选项,再选择对应的参照后即可进行倒圆角的创建,其中参照可以是实体边、边链、曲面加边、曲面加曲面等,如图 3-55 所示。

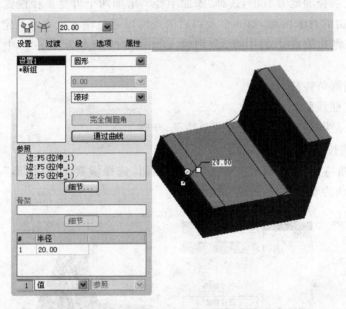

图 3-55 选择不同对象作为参照倒圆角

Pro/E 5.0 中倒圆角的选项非常复杂,比较常用到的设置主要有以下几种。

① 设置。在一个圆角特征中可以有多组不同的设置,如果多条边要采用相同的倒圆角设置,则选择参照时要按住 Ctrl 键,否则系统会自动增加新的设置组。

② 圆角横截面形状。圆角横截面形状有圆形、圆锥、$D1×D2$ 圆锥 3 种。

a. 圆形:横截面是圆弧,需要输入半径值 R。

b. 圆锥:横截面是对称圆锥曲线,需要输入圆角大小 D 和圆锥参数(0.05~0.95)。

c. $D1×D2$ 圆锥:横截面两侧不对称的圆锥曲线,形状由 $D1$、$D2$ 两个参数确定。

③ 圆角的创建方式有滚球和垂直于骨架两种。

a. 滚球:通过沿着两个曲面滚动的一个假想球来创建圆角。

b. 垂直于骨架:通过扫描一个垂直于骨架的弧形或圆锥形横截面来创建圆角,倒此类的圆角需要选择一个骨架,该选项对"完全圆角"无效。

④ 通过曲线。设置圆角的半径随着控制曲线变化。

3) 倒圆角实例

实例 3-4：变半径圆角。

本例创建如图 3-56 所示的变半径圆角,具体步骤如下。

① 单击 按钮,插入圆角特征。

② 在"圆角特征"操作面板上单击"设置"按钮,打开圆角参数设置面板,如图 3-55 所示。

图 3-56　变半径圆角实例

③ 选择横截面是"圆形",创建方式为"滚球",选择对应实体边作为参照,如图 3-56 所示。

④ 在输入半径的地方右击,选择"添加半径",增加两个可变半径位置,其中头两个位置默认是参照边的首末两端,第 3 个及以后的点可以通过输入比率来确定其位置,本例输入比率为 0.5,将其放在边的中点,分别输入半径值两端点为 20.00,中点为 10.00,如图 3-56 所示。

⑤ 完成倒圆角特征。

实例 3-5：曲线驱动圆角。

本例将演示半径随曲线变化的圆角特征,步骤如下。

① 单击 按钮,插入圆角特征。

② 在"圆角特征"操作面板上单击"设置"按钮,选择横截面是"圆形",选择如图 3-57 所示的实体边作为参照。

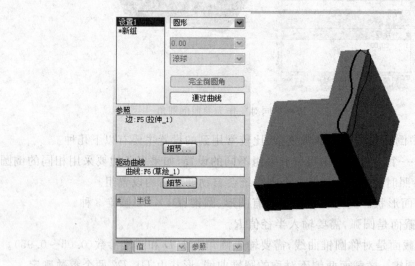

图 3-57　选择倒圆角的参照

③ 单击"通过曲线"按钮,选择模型上的草绘曲线作为驱动曲线。

④ 完成本例。

任务 3.3　内六角扳手扫描建模

按如图 3-58 所示的形状和尺寸,完成内六角扳手的三维建模。

3.3.1　任务解析

本任务以内六角扳手为载体,学习 Pro/E 5.0 软件实体建模界面的操作和应用,学习三维几何图形的扫描建模方法。

内六角扳手建模步骤如图 3-59 所示。

图 3-58　内六角扳手　　　　　　图 3-59　内六角扳手扫描建模步骤

3.3.2　知识准备——扫描特征

1. 扫描特征的结构特点

扫描特征是指将一个截面沿着一条轨迹进行移动扫描从而生成实体,如图 3-60 所示。扫描过程中截面沿着定义的轨迹曲线进行移动,截面的法向始终随着轨迹曲线的切线方向的变化而变化。

扫描特征按照扫描截面是否发生变化分为恒定截面扫描和可变截面扫描两种类型。

2. 扫描特征的类型

单击“插入”→“扫描”命令,有 7 个特征类型可供选择,如图 3-61 所示。

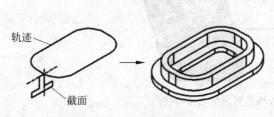

图 3-60　扫描建模

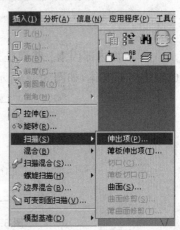

图 3-61　“伸出项”扫描菜单命令

（1）伸出项：使用扫描方法创建加材料的实体特征。

（2）薄板伸出项：使用扫描方法创建加厚草绘特征。

（3）切口：使用扫描方法创建减材料的实体特征。

（4）薄板切口：使用扫描方法创建减材料加厚草绘特征。

（5）曲面：使用扫描方法创建曲面特征。

（6）曲面修剪：使用扫描方法裁剪曲面特征。

（7）薄曲面修剪：使用薄板扫描方法裁剪曲面特征。

3. 扫描轨迹线的绘制

进入"扫描特征创建"对话框后，首先确定扫描轨迹线，一般有两种方法创建轨迹线，即草绘轨迹和选取轨迹，如图 3-62 所示。

（1）草绘轨迹：草绘轨迹需要依次定义草绘平面、参考平面及其方向，进入草绘模式绘制所需的轨迹线。

（2）选取轨迹：在创建扫描特征之前，使用草绘工具和其他方法预先绘制出一条曲线，然后选取该曲线作为扫描轨迹线。

4. 扫描特征的属性设置

在绘制扫描轨迹线时，轨迹线可以是封闭的，也可以是开放的，同样扫描截面也可以是封闭的或者是开放的，因此在进入扫描特征创建时，需要设定扫描特征的属性。

1）增加内部因素与无内部因素

如果扫描轨迹线是封闭的，系统则要求用户选择扫描属性，如图 3-63 所示。

图 3-62　"扫描轨迹"菜单　　　　　　　　图 3-63　扫描"属性"菜单

① 增加内部因素：截面是开放的，生成扫描特征时自动添加内部的顶面和底面以形成增加内部实体，如图 3-64 所示。

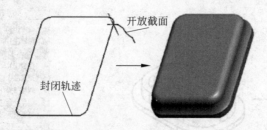

图 3-64　截面开放轨迹封闭的扫描特征

② 无内部因素：要求截面必须封闭，生成扫描特征时不能添加内部表面，扫描特征内部是空的，如图 3-60 所示。

2）合并终点和自由端点

如果扫描轨迹线是开放的并且其端点与已有实体特征表面重合时，系统则要求用户选择扫描属性，如图 3-65 所示。

① 合并终点：扫描特征的端面将自动延伸，与已有实体特征合并，如图 3-66 所示。

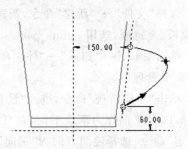

图 3-65　选择"合并终点"属性　　　　　图 3-66　开放的轨迹曲线

② 自由终点：扫描特征的端面不与已有实体特征合并，仍保持原本扫描的状态，即端面与轨迹线保持垂直。

提示：如果扫描轨迹是开放的，则扫描截面图形必须是封闭的，否则不能生成扫描实体特征。

5. 创建扫描特征的步骤

（1）单击"插入"→"扫描"→"伸出项"命令，系统弹出"伸出项：扫描"对话框，如图 3-67 所示，并显示"扫描轨迹"菜单管理器，如图 3-62 所示。

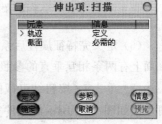

（2）在"扫描轨迹"菜单管理器中单击"草绘轨迹"命令绘制扫描轨迹线，或单击"选取轨迹"命令选取已有扫描轨迹线。

（3）选择"草绘轨迹"命令后，设置草绘平面、参考平面及方向，进入草绘模式。

（4）按设计要求绘制扫描轨迹曲线，完成后单击 ✔ 按钮，结束轨迹曲线绘制。

图 3-67　"伸出项：扫描"对话框

提示：由于绘制的是轨迹线而不是截面，所以在轨迹线的起点处有一个箭头"→"标识，表示扫描的起始方向，同时也是绘制扫描截面的起点，该起点的位置和方向可以改变。

在绘制轨迹线时，在轨迹线上的任意点右击，弹出菜单，在菜单中选择"起始点"命令可以切换起始点的位置和方向。

（5）如果绘制的轨迹曲线封闭，根据具体情况设置"增加内部因素"或"无内部因素"。如果轨迹线与已有实体表面重合，根据具体情况设置"合并终点"或"自由端点"。

（6）定义完特征属性后系统会自动定义一个垂直于轨迹曲线的基准平面，在这个基准平面上有两条相互垂直的参照线，交点为轨迹曲线的起点。

（7）单击 ✔ 按钮结束截面绘制，最后单击"伸出项：扫描"对话框中的"确定"按钮即可生成扫描零件实体。

3.3.3　操作过程

内六角扳手建模过程如下。

(1) 选择"文件"→"设置工作目录"命令,设置硬盘中 xm03 文件夹为工作目录。

(2) 选择"文件"→"新建"命令,新建名称为 neiliujiao.prt 的实体文件,取消选中"使用缺省模板"复选框,选用 mmns_part_solid 模板,单击"确定"按钮,进入实体建模界面。

(3) 单击"插入"→"扫描"→"伸出项"命令,打开"伸出项:扫描"对话框,并显示"扫描轨迹"菜单管理器。

(4) 单击"草绘轨迹"命令,进入"设置草绘平面"菜单管理器,如图 3-68 所示,在绘图区中选择 TOP 平面作为草绘平面,在 TOP 面中出现一个向下的箭头,单击菜单管理器中的"确定"命令,选择绘图方向为"正向",单击"右"命令,选择 RIGHT 面为参考平面。

(5) 进入草绘界面,在 TOP 基准平面上绘制如图 3-69 所示的扫描轨迹线,完成后单击特征工具栏中的 ✔ 按钮,结束轨迹曲线绘制。

图 3-68　"设置草绘平面"菜单管理器

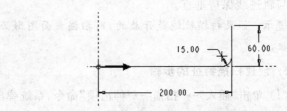

图 3-69　扫描轨迹曲线

(6) 定义完特征属性后系统会自动定义一个垂直于轨迹曲线的基准平面,在这个基准平面上有两条相互垂直的参照线,交点为轨迹曲线的起点。绘制的截面如图 3-70 所示。

(7) 单击 ✔ 按钮结束截面绘制,最后单击"伸出项:扫描"对话框中的"确定"按钮即可生成如图 3-71 所示的零件实体。

图 3-70　开放的截面

图 3-71　扫描实体

内六角扳手扫描建模
操作参考.mp4(6.06MB)

3.3.4　知识拓展——基准轴、基准曲线及基准点

1. 基准轴

1) 建立基准轴

基准轴常用于创建特征的参照,制作基准面、同心放置的参照,创建旋转阵列特征等。

基准轴与中心轴的不同之处在于基准轴是独立的特征,它能被重定义、压缩或删除。单击基准工具栏中的"基准轴工具"按钮 ∕ ,显示如图 3-72 所示的"基准轴"对话框。

该对话框中包括"放置""显示"和"属性"3 个面板,"属性"面板显示基准轴的名称和信息,也可对基准轴进行重新命名。

在"放置"面板中有"参照"和"偏移参照"两个栏目。

① 参照。在该栏中显示基准轴的放置参照。供用户选择使用的参照有如下 3 种类型。

a. 穿过:基准轴通过指定的参照。

b. 法向:基准轴垂直指定的参照,该类型还需要在"偏移参照"栏中进一步定义或者添加辅助的点或顶点,以完全约束基准轴。

c. 相切:基准轴相切于指定的参照,该类型还需要添加辅助点或顶点以全约束基准轴。

② 偏移参照。在"参照"栏选用"法向"类型时该栏被激活,以选择偏移参照。

创建基准轴的操作步骤如下。

① 单击基准工具栏中的 ∕ 按钮,或单击主菜单中的"插入"→"基准模型"→"轴"命令,打开"基准轴"对话框。

② 在图形窗口中为新基准轴选择放置参照。可选择已有的基准轴、平面、曲面、边、顶点、曲线、基准点,选择的参照显示在"基准轴"对话框的"参照"栏中。

③ 在"参照"栏选择适当的约束类型。

④ 单击"确定"按钮,完成基准轴的创建。

2)建立基准轴实例

在模型中建立如图 3-73 所示的几种基准轴。

图 3-72 "基准轴"对话框

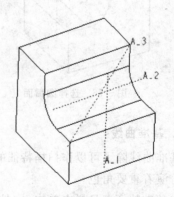

图 3-73 基准轴样式

实例 3-6:创建基准轴 A_1。

① 单击基准特征工具栏中的"基准轴"按钮 ∕ ,打开"基准轴"对话框。

② 单击图 3-74 中箭头指示的平面作为基准轴的放置参照。模型中显示一条基准轴及其定位句柄。

③ 拖动定位句柄到定位参照边或面,并标注定位尺寸,如图 3-75 所示。

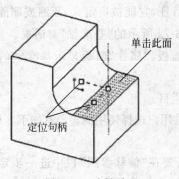

图 3-74　选择平面

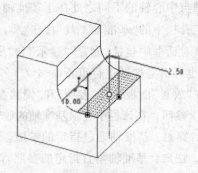

图 3-75　标注定位尺寸示意图

④ 单击"基准轴"对话框中的"确定"按钮,完成基准轴 A_1 的建立,如图 3-73 所示。

实例 3-7:创建基准轴 A_2。

(1) 选择图 3-76 中箭头指示的圆弧面。

(2) 单击"基准轴工具"按钮,完成基准轴 A_2 的建立,如图 3-73 所示。

实例 3-8:创建基准轴 A_3。

① 按 Ctrl 键,依次选中图 3-77 中箭头指示的两个顶点。

② 单击"基准轴工具"按钮,完成基准轴 A_3 的建立,如图 3-73 所示。在模型树中右击新建的基准轴,在弹出的快捷菜单中单击"重命名"命令,将其命名为 A3。

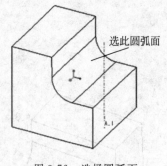

图 3-76　选择圆弧面

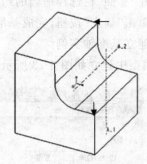

图 3-77　选择两顶点

2. 基准曲线

基准曲线除了可以作扫描特征的轨迹、建立圆角的参照特征之外,在绘制或修改曲面时也扮演着重要角色。

在基准特征工具栏中单击 ～ 按钮,可实现基准曲线的绘制。单击 ～ 按钮,系统显示如图 3-78 所示的"曲线选项"菜单,主要有以下 4 个命令:①经过点,通过数个参照点建立基准曲线;②自文件,使用数据文件绘制一条基准曲线;③使用剖截面,用截面的边界来建立基准曲线;④从方程,通过输入方程式来建立基准曲线。

1) 草绘基准曲线

单击 ～ 按钮,打开"草绘"基准曲线对话框,如图 3-79 所示。

图 3-78 基准"曲线选项"菜单

图 3-79 "草绘"基准曲线对话框

　　选定草绘平面与视图参照后,单击"草绘"按钮,进入草绘工作界面,然后进行曲线的绘制。

　　2)非草绘基准曲线

　　实例 3-9：通过公式建立曲线,在模型中创建如图 3-80 所示的正弦曲线。

　　① 单击基准特征工具栏中的 $\sim$ 按钮,弹出"曲线选项"菜单,依次单击"从方程""完成"命令,打开如图 3-81 所示的"曲线：从方程"对话框。

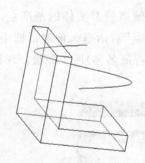

图 3-80 非草绘基准曲线样式

图 3-81 "曲线：从方程"对话框

　　② 首先选取坐标系。选择系统默认坐标系 PRT_CSYS_DEF,单击"选取"菜单中的"确定"命令。

　　③ 选择"坐标系"类型为"笛卡儿",系统打开"rel. ptd 记事本"窗口。

　　④ 如图 3-82 所示,输入曲线方程式"$x=10*t, y=0, z=-10+12*\sin(t*360)$"。

　　⑤ 在"rel. ptd 记事本"窗口单击菜单中的"文件"→"保存"命令保存记事本文件,然后单击菜单中的"文件"→"退出"命令关闭记事本窗口。

　　⑥ 单击鼠标中键或单击"曲线：从方程"对话框中的"确定"按钮,完成基准曲线的绘制,如图 3-80 所示。

3. 基准点

基准点的用途非常广泛,既可用于辅助建立其他基准特征,也可辅助定义特征的位置。Pro/E 提供 3 种类型的基准点,如图 3-83 所示。

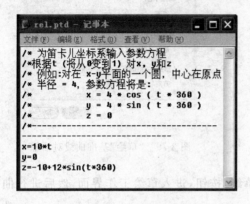

图 3-82　"rel. ptd 记事本"窗口

图 3-83　基准点工具

：从实体或实体交点或从实体偏离创建的基准点。

：通过选定的坐标系创建基准点。

：直接在实体或曲面上单击即可创建基准点,该基准点在行为建模中供分析使用。

1) 基准点

使用"基准点工具"按钮 可创建位于模型实体或偏离模型实体的基准点。单击基准特征工具栏中的 按钮,弹出如图 3-84 所示的"基准点"对话框。该对话框中包含"放置"(定义基准点的位置)和"属性"(显示特征信息、修改特征名称)两个面板。现将"放置"面板各部分的功能说明如下。

图 3-84　"基准点"对话框

① 参照。在"基准点"对话框左侧的基准点列表中选择一个基准点,该栏中列出生成该基准点的放置参照。

② 偏移。显示并可定义点的偏移尺寸,明确偏移尺寸有两种方法:明确偏移比率和明确实数(实际长度)。

③ 偏移参照。列出标注到模型尺寸的参照,有如下两种方式。

a. 曲线末端:从选择的曲线或边的端点测量长度,要使用另一个端点作为偏移基点,则单击"下一个端点"按钮。

b. 参照:从选定的参照测量距离。

单击"基准点"对话框中的"新点"按钮,可继续创建新的基准点。

创建一般基准点的操作步骤如下。

① 选择一条边、曲线或基准轴等因素。

② 单击 ⚹ 按钮,将默认的基准点添加到所指定的实体上,同时打开"基准点"对话框。

③ 通过拖动基准点定位句柄,手动调节基准点位置,或者设定"放置"面板的相应参数定位基准点。

④ 单击"新点"按钮添加更多的基准点,单击"确定"按钮,完成基准点的创建。

实例 3-10:在模型中建立基准点 PNT0,PNT1。

① 单击"基准点工具"按钮 ⚹ ,打开"基准点"对话框。

② 选择模型的上表面放置基准点,拖动基准点定位句柄到上表面的左、后两条边线,修改定位尺寸,建立基准点 PNT0,如图 3-85 所示。

③ 单击"基准点"对话框中的"新点"按钮,然后选择图 3-86 中箭头指示的 3 个面。

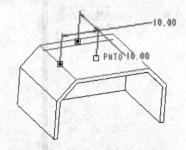

图 3-85 PNT0 建立示意图

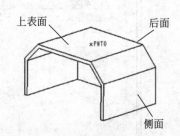

图 3-86 选择 3 面示意图

④ 选择完毕后产生一个基准点 PNT1,如图 3-87 所示。

⑤ 单击"确定"按钮,完成两个基准点的建立。

提示:在选择多个参照对象时,应按住 Ctrl 键,然后依次选择;为方便捕捉参照对象,建议使用主窗口右下角的过滤器工具,在其下拉列表中选定捕捉对象类型,如图 3-88所示。

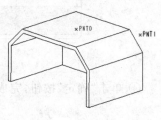

图 3-87 完成 PNT1 示意图

2) 偏移坐标基准点

Pro/E 允许用户通过指定点坐标的偏移产生基准点。可用笛卡儿坐标系、球坐标系或柱坐标系来实现基准点的建立。

实例 3-11:建立坐标系偏移基准点。

① 单击基准特征工具栏中的 ⚹ 按钮,打开"偏移坐标系基准点"对话框。

② 在模型树中选择系统默认的坐标系 PRT_CSYS_DEF,如图 3-89 所示。

图 3-88　选择过滤器工具

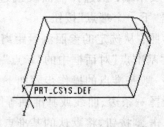

图 3-89　模型中显示的系统坐标系

③ 在对话框中单击单元格,系统自动产生基准点 PNT0,然后分别单击"X 轴""Y轴""Z 轴"下的单元格,输入尺寸 10、10、一20,如图 3-90 所示。

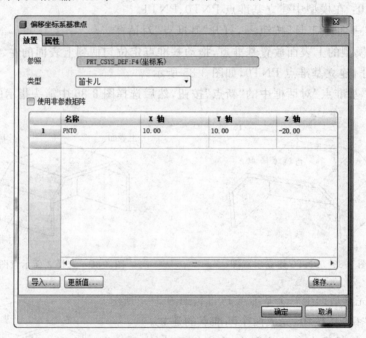

图 3-90　偏移数值设置

④ 单击"确定"按钮,完成基准点的建立,如图 3-91 所示。

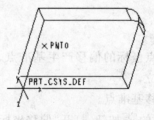

图 3-91　基准点 PNT0

任务 3.4　铣刀混合建模

按如图 3-92 所示的形状和尺寸,完成铣刀的三维建模。

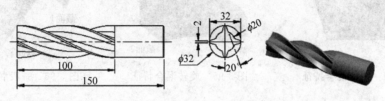

图 3-92　铣刀

3.4.1　任务解析

本任务以铣刀为载体,学习 Pro/E 5.0 软件实体建模界面的操作和应用,学习三维几何图形的混合建模方法。

铣刀混合建模步骤如图 3-93 所示。

6个,混合截面
绕Z轴旋转36°
距离分别为20mm　一般混合　　拉伸刀柄

图 3-93　铣刀混合建模步骤

3.4.2　知识准备——混合特征

混合特征是指把多个截面按照定义的约束连接成实体特征。根据绘制截面相互位置关系的不同,混合特征可以分为平行、旋转和一般 3 种类型。

1. 混合特征类型

(1) 平行混合。各混合截面所在的平面都相互平行,特征的成长方向与平面垂直,如图 3-94 所示。

(2) 旋转混合。各混合截面所在的平面互不平行,后一截面的位置相对前一截面绕 Y 轴转过指定的角度来确定。图 3-95 所示是将截面 2 相对于截面 1 绕 Y 轴转过 90°形成的。

(3) 一般混合。各混合截面所在的平面互不平行,后一截面的位置相对前一截面分别绕 X、Y 和 Z 轴转过指定的角度来确定,如图 3-96 所示。

2. 混合特征的属性设置

(1) "直"和"光滑"。不管是平行混合、旋转混合还是一般混合,都可以定义以上两种连接。

① 直:通过用直线段连接不同截面的顶点来创建直混合。

② 光滑:通过用光滑曲线连接不同截面的顶点来创建光滑混合。

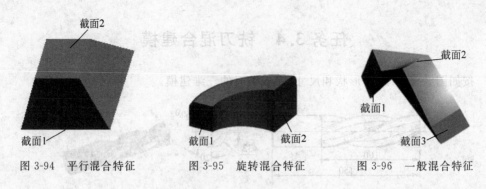

<table>
<tr><td>图 3-94　平行混合特征</td><td>图 3-95　旋转混合特征</td><td>图 3-96　一般混合特征</td></tr>
</table>

（2）"开放"和"封闭的"只针对旋转混合。如果选择"封闭的"属性，则旋转混合将在第一个截面和最后一个截面之间创建一个封闭的实体。

图 3-97 所示是不同属性的混合实体特征的对比。

直	光滑	光滑、开放	光滑、封闭

图 3-97　不同属性的混合实体特征的对比

3. 特征工具

（1）切换截面。平行混合建模时，绘制截面在同一个草绘平面中，当绘制完成一个截面后，必须切换截面使上一个截面变灰色，从而才能绘制下一个截面。切换截面方法是在草绘截面上右击，弹出快捷菜单，选择"切换截面"命令，如图 3-98 所示。

如果要修改已经绘制的截面，可继续右击，弹出快捷菜单，选择"切换截面"命令，直至要修改的截面变亮为止。

（2）截面的起点。起点是两个截面混合时的参照，混合建模时两截面起点直接相连，其余各点顺次相连。起点是草绘截面时的第一个点，可以将截面上任意点设置为起点，首先在截面上选择点，然后右击，在弹出的快捷菜单中选择"起点"命令，即可将该点设置为起点，如图 3-99 所示。

 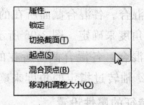

图 3-98　"切换截面"快捷菜单	图 3-99　"起点"设置快捷菜单

其他说明如下。

截面上的起始点位置应尽量对齐或靠近，否则创建的混合模型将发生扭曲变形，起点设置如图 3-100 所示。

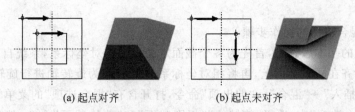

(a) 起点对齐　　　　　　　　(b) 起点未对齐

图 3-100　起点设置

（3）混合顶点。混合特征由多个截面相互连接形成,基本要求之一是截面必须有相同的顶点数。如四边形截面与五边形截面的顶点数不同,混合时需要添加混合顶点,即一点当成两点用,相临剖面的两点会连接到所指定的混合点。首先在截面上选择点,然后右击,在弹出的快捷菜单中选择"混合顶点"命令,即可将该点设置为混合顶点。

（4）分割点。单一点与任意多边形混合时不需要定义混合顶点,圆与多边形混合时必须使用"分割工具"按钮 ,对圆进行分割点处理,使分割点与多边形的顶点相同即可。

截面混合顶点和分割点设置如图 3-101 所示。

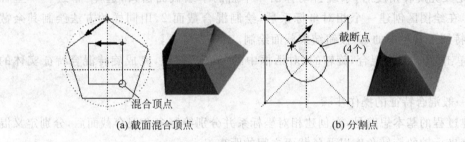

(a) 截面混合顶点　　　　　　　　(b) 分割点

图 3-101　截面混合顶点和分割点设置

4. 创建混合特征的步骤

混合特征有 3 种类型,每种混合方式的操作步骤不同。

1) 平行混合特征的操作步骤

创建过程的基本思路是,首先在同一草绘平面内通过"切换截面"绘制多个混合截面;其次定义截面的距离;最后完成平行混合特征实体。

① 选择"插入"→"混合"→"伸出项"命令,打开"混合选项"菜单管理器。

② 在"混合选项"中,选择"平行""规则截面"和"草绘截面"命令,然后单击"完成"命令,弹出"伸出项:混合,平行"对话框,在对话框中对"属性""截面""方向"和"深度"4 个参数选项进行定义。

③ 属性定义。"属性"包括"直"和"光滑"两个选项,用来定义过渡曲面的形状。

④ 绘制混合截面。选择草绘基准平面和参考基准平面,绘制平行混合截面1,右击,弹出快捷菜单,选择"切换截面"命令后,截面 1 变成灰色,然后绘制混合截面 2,用同样的方法绘制其余截面,单击特征工具栏中的 按钮,结束截面绘制。

⑤ 定义截面之间的距离。此时系统弹出"消息输入"窗口,分别输入各截面之间的距离,单击 按钮结束深度定义。

⑥ 单击"伸出项:混合,平行"对话框中的"确定"按钮,即可完成创建平行混合特征

实体。

2) 旋转混合特征的操作步骤

创建过程的基本思路是,首先为各个截面定义一个相对坐标系,系统自动将各截面和相对坐标系对齐在同一平面上,再将相对坐标系的 Y 轴作为旋转轴进行旋转混合即可。

① 选择"插入"→"混合"→"伸出项"命令,打开含有"混合选项"的菜单管理器。

② 在"混合选项"中,选择"旋转的""规则截面"和"草绘截面"命令,然后单击"完成"命令,弹出"伸出项:混合,旋转的"对话框,在对话框中对"属性""截面""相切"3 个参数选项进行定义。

③ 属性定义。"属性"包括"直""光滑"两个选项和"开放""封闭"两个选项。

④ 绘制混合截面。选择草绘基准平面和参考基准平面,进入草绘视图。首先在草绘平面中创建一个相对坐标系,然后以相对坐标系为参考,绘制混合截面1,单击 ✔ 按钮结束截面绘制,系统弹出"消息输入"窗口,输入截面 2 绕 Y 轴旋转的角度,单击 ✔ 按钮完成。

⑤ 定义完旋转角度后,系统自动弹出一个新的草绘截面窗口,选择"草绘"→"坐标系"命令,在绘图区创建一个相对坐标系后,绘制混合截面 2,用同样的方法绘制其余截面,单击特征工具栏中的 ✔ 按钮结束截面绘制。

⑥ 单击"伸出项:混合,旋转的"对话框中的"确定"按钮,完成旋转混合特征实体的创建。

3) 一般混合特征的操作步骤

创建过程的基本思路是,在创建相对坐标系并分别绘制多个混合截面后,分别定义混合截面绕坐标轴的旋转角度以及各截面之间的距离。

① 选择"插入"→"混合"→"伸出项"命令,打开"混合选项"的菜单管理器。

② 在"混合选项"中,选择"一般""规则截面"和"草绘截面"命令,然后单击"完成"命令,弹出"伸出项:混合,一般"对话框,在对话框中对"属性""截面""深度"3 个参数选项进行定义。

③ 属性定义。"属性"包括"直"和"光滑"两个选项。

④ 创建一般混合特征和创建旋转混合一样需要为每个截面创建一个相对坐标系。选择草绘平面和参考基准平面,系统进入草绘界面。选择菜单中的"草绘"→"坐标系"命令,用鼠标左键,在绘图区创建一个相对坐标系,其原点与原坐标系的原点重合。

⑤ 绘制截面1。草绘截面1,完成后单击特征工具栏中的 ✔ 按钮。然后在打开的"消息输入"窗口的文本框中依次输入截面 2 绕相对坐标系中 X、Y、Z 轴的旋转角度。

⑥ 绘制截面2。选择菜单中的"草绘"→"坐标系"命令,用鼠标左键,在绘图区创建一个相对坐标系,草绘截面 2,单击特征工具栏中的 ✔ 按钮完成截面绘制。系统弹出"消息输入"窗口,依次输入下一截面绕定义的相对坐标系中 X、Y、Z 轴的旋转角度,直到建立所有混合截面为止,当继续下一个时,单击"否"按钮,结束混合截面的定义。

⑦ 定义各截面之间的距离。当结束混合截面的定义后,系统弹出"消息输入"窗口,分别输入各截面之间的距离。

⑧ 至此,所有一般混合的元素都已定义完成,单击"确定"按钮,完成混合实体的

创建。

其他说明如下。

右击模型树中的特征名称,在快捷菜单中选择"编辑定义"命令,打开"伸出项:混合,一般"对话框,即可重新定义各元素,完成对混合特征的修改编辑。

3.4.3 操作过程

铣刀建模过程如下。

(1)选择"文件"→"设置工作目录"命令,设置硬盘中 xm03 文件夹为工作目录。

(2)选择"文件"→"新建"命令,新建名称为 xidao.prt 的实体文件,取消选中"使用缺省模板"复选框,选用 mmns_part_solid 模板,单击"确定"按钮,进入实体建模界面。

(3)选择"插入"→"混合"→"伸出项"命令,打开含有"混合选项"的菜单管理器,如图 3-102 所示。

(4)在"混合选项"中,选择"一般""规则截面"和"草绘截面"命令,如图 3-103 所示,然后单击"完成"命令,弹出如图 3-104 所示的"伸出项:混合,一般"对话框,在对话框中对"属性""截面""深度"3 个参数选项进行定义。

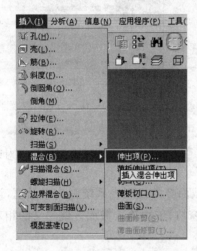

图 3-102 "混合"特征菜单命令

图 3-103 "混合选项"菜单管理器

(5)"属性"定义。在菜单管理器的"属性"选项中选择"光滑"命令,然后选择"完成"命令,完成属性定义,如图 3-105 所示。

图 3-104 一般混合特征定义对话框

图 3-105 混合属性

（6）设置 RIGHT 基准平面为草绘平面，方向默认，单击"确定"按钮进入"草绘视图"设置菜单，单击"缺省"按钮，系统进入草绘界面。选择菜单中的"草绘"→"坐标系"命令，单击，在绘图区创建一个相对坐标系，其原点与原坐标系的原点重合。

（7）绘制截面 1，如图 3-106 所示。由于之后 5 个截面都要使用这个截面，所以保存截面 1，供下次调用，选择"文件"→"保存"命令，文件名为 SD0012.sec。

（8）单击特征工具栏中的 ✔ 按钮，完成截面 1 的绘制。系统弹出"消息输入"窗口，依次输入截面 2 绕定义的相对坐标系 X、Y、Z 轴的旋转角度分别为 0、0、36。

（9）绘制截面 2。首先选择菜单中的"草绘"→"坐标系"命令，单击，在绘图区创建一个相对坐标系。然后选择菜单中的"草绘"→"数据来自文件"命令，弹出"文件"对话框，选择 SD0012.sec 截面，单击"打开"按钮。

注意：调入外部截面文件后，首先输入截面的比例为 1，旋转角度为 0，如图 3-107 所示，然后约束截面中心点与相对坐标系的原点重合。

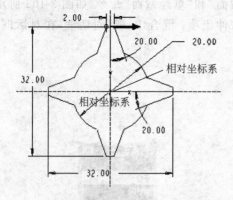

图 3-106　一般混合截面 1

图 3-107　"移动和调整大小"对话框

（10）单击特征工具栏中的 ✔ 按钮，完成截面 2 的绘制。系统弹出对话框，询问是否绘制下一截面，单击"是"按钮打开"消息输入"窗口，依次输入截面 3 绕定义的相对坐标系 X、Y、Z 轴的旋转角度分别为 0、0、36。

（11）重复步骤（8）～（10），直到建立 6 个混合截面为止，系统询问是否绘制下一截面，单击"否"按钮，结束混合截面的定义。

（12）当结束混合截面的定义后，系统弹出"消息输入"窗口，依次输入各截面之间的距离 20mm。

（13）单击"伸出项：混合，一般"对话框中的"确定"按钮，完成铣刀刀体混合实体建模，如图 3-108 所示。

（14）在特征工具栏中单击 按钮，单击操作面板中的"放置"→"定义"按钮，弹出"草绘"对话框。

（15）在绘图区选择刀体右侧面作为草绘平面，参照默认，单击"草绘"按钮，进入草绘模式。

（16）草绘模式中，绘制如图 3-109 所示的截面图形，单击特征工具栏中的 ✔ 按钮，在操作面板中设置拉伸深度为50mm,单击 ☑ 按钮完成拉伸特征的创建,结果如图3-110所示。

图 3-108　铣刀刀体混合建模

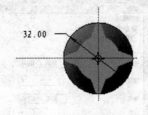

图 3-109　拉伸截面

图 3-110　铣刀完成图

3.4.4　知识拓展——基准坐标系

铣刀混合建模操作
参考.mp4(16.4MB)

1. 基准坐标系的作用及表达方法

在零件的绘制或组件装配时,基准坐标系的作用如下。

(1) 辅助计算零件的质量、质心、体积等。

(2) 在零件装配中建立坐标系约束条件。

(3) 在进行有限元分析时,辅助建立约束条件。

(4) 使用加工模块时,用于设定程序原点。

(5) 辅助建立其他基准特征。

(6) 使用坐标系作为定位参照。

坐标系的表达方式有右手笛卡儿坐标系、圆柱坐标系和球坐标系3种类型。

2. 设置基准坐标系的方法

建立坐标系的操作步骤如下。

(1) 选取菜单命令“插入”→“模型基准”→“坐标系”或单击基准特征工具栏中的 ※ 按钮,打开“坐标系”对话框,对话框中包含“原点”“方向”和“属性”3个选项。

(2) 在图形窗口中选择坐标系的放置参照。

提示:如果选择一个顶点作为原始参照,必须利用“方向”面板通过选择坐标轴的参照确定坐标轴的方向;不管用户是通过选取坐标系还是选取平面、边或点作为参照,要完全定位一个新的坐标系,至少应选择两个参照对象。

(3) 选定坐标系的偏移类型来设定偏移量。

(4) 单击“确定”按钮,创建默认定位的新坐标系;若需设定新坐标系的坐标方向,则单击“方向”按钮,在“方向”对话框中设定新坐标系。

实例3-12:参照已有坐标系建立新坐标系。

① 单击基准特征工具栏中的 ※ 按钮,打开“坐标系”对话框。

② 选择系统默认的坐标系 PRT_CSYS_DEF 作为参照。

③ “原点”选项中设置“偏移类型”为“笛卡儿”,X、Y、Z轴的偏移值设定如图3-111(a)所示。

④ “方向”选项中设置坐标系方向如图3-111(b)所示。

⑤ 单击"确定"按钮,完成基准坐标系的建立,如图 3-111(c)所示。

(a)"原点"选项设置

(b)"方向"选项设置

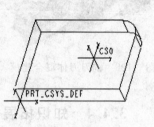
(c)基准坐标系完成图

图 3-111　参照已有坐标系建立新坐标系

实例 3-13:参照已有平面建立新坐标系。

① 单击基准特征工具栏中的 ✱ 按钮,打开"坐标系"对话框。

② 选择模型上表面作为参照,偏移参照为模型前面和右侧面。

③ "原点"选项中设置"类型"为"线性",与参照面的偏移值设定如图 3-112(a)所示。

④ 单击"确定"按钮,完成基准坐标系的建立,如图 3-112(b)所示。

(a)"原点"选项设置

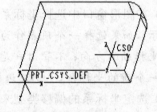
(b)基准坐标系完成图

图 3-112　参照已有平面建立新坐标系

练　习

1. 应用拉伸建模方法,完成图 3-113(a)~图 3-113(c)所示零件的拉伸建模。

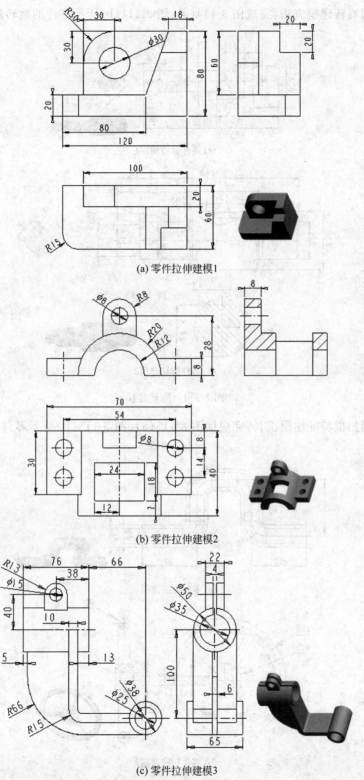

(a) 零件拉伸建模1

(b) 零件拉伸建模2

(c) 零件拉伸建模3

图 3-113　拉伸建模

2. 应用旋转建模方法,完成图 3-114(a)、图 3-114(b)所示零件的旋转建模。

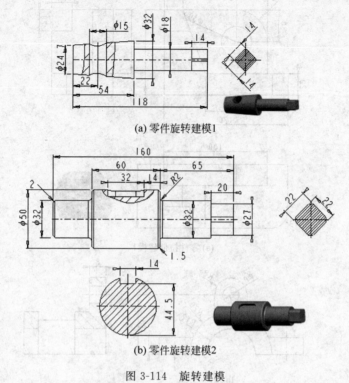

(a) 零件旋转建模1

(b) 零件旋转建模2

图 3-114　旋转建模

3. 应用扫描特征建模工具,完成如图 3-115(a)、图 3-115(b)所示零件的恒定截面扫描建模。

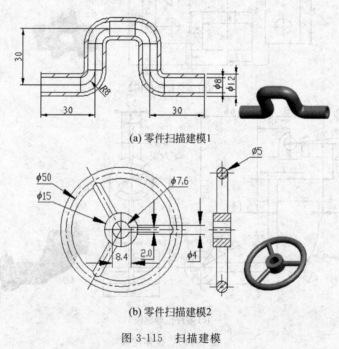

(a) 零件扫描建模1

(b) 零件扫描建模2

图 3-115　扫描建模

4. 应用旋转混合特征建模工具,完成图 3-116(a)~图 3-116(c)所示零件的旋转混合建模,旋转角度为 90°。

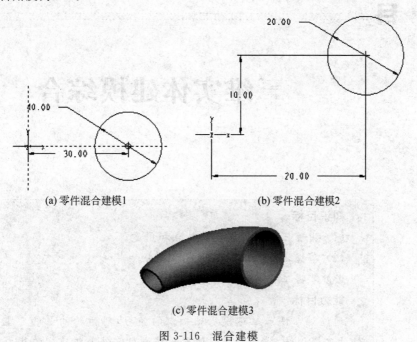

(a) 零件混合建模1　　　　　　　　　(b) 零件混合建模2

(c) 零件混合建模3

图 3-116　混合建模

三维实体建模综合

> **知识目标**
> (1) 明确三维实体模型的特点和用途。
> (2) 掌握零件三维建模的基本方法。
> (3) 掌握工程特征的创建方法。
> **能力目标**
> 通过对零件三维建模基础知识的学习,对齿轮油泵和典型机械零件的建模训练,学生应具备使用软件进行零件三维建模的能力。
> **本项目的任务**
> 本项目主要以齿轮油泵和典型机械零件为载体,学习运用 Pro/E 5.0 软件对零件进行三维建模的方法,巩固三维实体建模的基本方法,学习零件工程特征的创建方法。
> **主要学习内容**
> 工程特征的创建方法。

任务 4.1 泵盖三维建模

按如图 4-1 所示的形状和尺寸,完成齿轮油泵泵盖的三维建模。

4.1.1 任务解析

本任务以齿轮油泵泵盖零件为载体,学习 Pro/E 5.0 软件实体建模界面的操作和应用,学习三维几何图形的拉伸、旋转建模方法,以及孔特征、镜像特征、插入修饰螺纹、阵列特征创建的技巧。

泵盖建模步骤如图 4-2 所示。

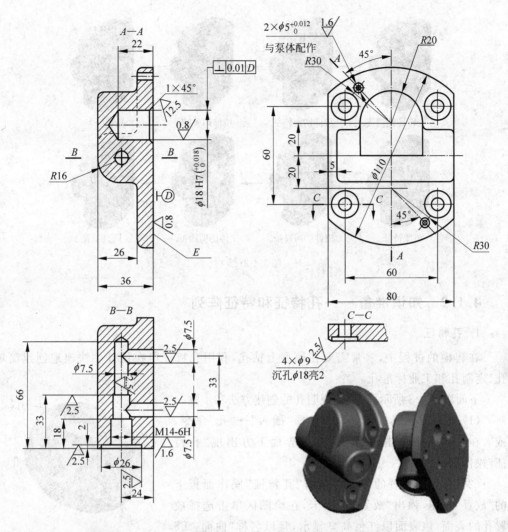

图 4-1　齿轮油泵泵盖

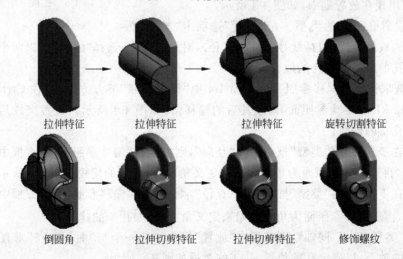

拉伸特征　　　　拉伸特征　　　　拉伸特征　　　　旋转切割特征

倒圆角　　　　拉伸切剪特征　　　　拉伸切剪特征　　　　修饰螺纹

图 4-2　泵盖建模步骤

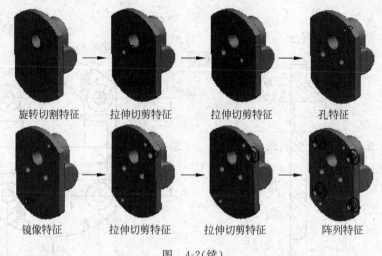

旋转切割特征　　　拉伸切剪特征　　　拉伸切剪特征　　　孔特征

镜像特征　　　　拉伸切剪特征　　　拉伸切剪特征　　　阵列特征

图　4-2(续)

4.1.2　知识准备——孔特征和特征阵列

1. 孔特征

在建模的过程中,常常需要在模型上钻孔,利用孔特征可在设计中快速地创建简单孔、定制孔和工业标准孔。

下面以图4-3所示孔为例,说明孔的创建方法和步骤。

(1) 选择孔工具。在菜单中选择"插入"→"孔"命令,或者在工具条中单击 按钮,在主界面下方出现"孔特征"操作面板。

(2) 选取孔放置的表面。单击"孔特征"操作面板上的"放置"按钮,弹出"放置"选项卡,在绘图区单击选择放置孔的表面,该表面以红色高亮显示,且以名称"曲面:F5(拉伸1)"出现在放置框中,如图4-4所示。

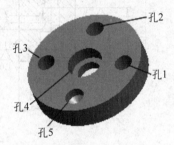

图4-3　孔板三维实体图

(3) 设置孔放置的类型。在"放置"选项卡"类型"框中选择孔的放置类型(包括线性、径向、直径),对孔1建模,选择"线性"即以两个不平行的特征面到孔的距离定位孔的放置位置。

(4) 选取孔位置偏移参照。单击图4-4中"偏移参照"下方方框,按住 Ctrl 键并选择 FRONT 和 RIGHT 为参照面,修改其后的偏移值,如图4-4所示。设置完成后,单击 按钮完成孔1的创建。

如果在步骤(3)的"类型"框中选择"径向",则需要在"偏移参照"下的方框中选择一轴定义 R 值,再选择一参照面为角度起始来定义角度值,孔2的建模如图4-5所示。

如果在步骤(3)的"类型"框中选择"直径",则需要在"偏移参照"下的方框中选择一轴定义 ϕ 值,再选择一参照面为角度起始来定义角度值,如孔3的建模。

如果"类型"选择"同轴",则需要在"放置"框中加选一个与"曲面:F5"垂直的基准轴来作为孔的轴心,以确定孔的位置,孔4的建模如图4-6所示。

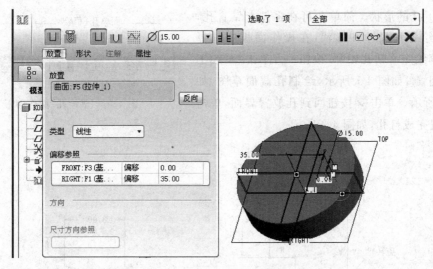

图 4-4　设置"孔特征"的主参照

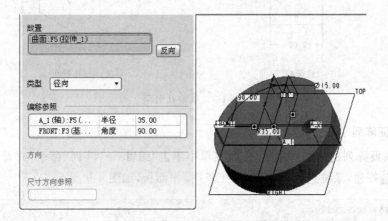

图 4-5　选择"径向"方式确定孔的位置

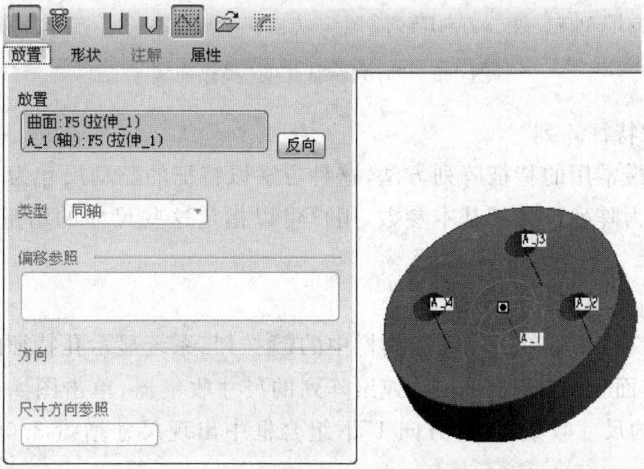

图 4-6　选择"同轴"方式确定孔的位置

（5）孔的形状。简单孔可在零件上钻直孔，也可草绘各种尺寸和形状，在操作面板中选择"使用草绘定义钻孔轮廓"按钮 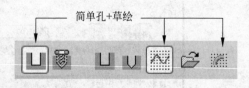，单击"草绘工具"按钮 ，如图 4-7 所示，绘制孔截面草图，如图 4-8 所示。单击 ✔ 按钮回到孔放置界面，单击 ✔ 按钮完成打孔，如图 4-3 所示。

图 4-7　"草绘孔"操作面板

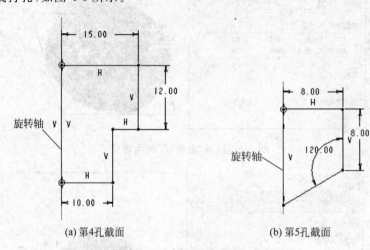

(a) 第4孔截面　　　　　　　(b) 第5孔截面

图 4-8　草绘孔截面

2. 特征阵列

选中需要阵列的特征对象后，在主菜单中单击"编辑"→"阵列"命令，或者单击特征工具栏中的 按钮，系统进入"特征阵列工具"操作面板，如图 4-9 所示。

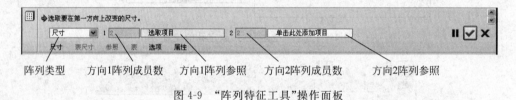

图 4-9　"阵列特征工具"操作面板

1）创建尺寸特征阵列

尺寸阵列是最常用的特征阵列方法，这种方法以特征的驱动尺寸为基础，使用特征的驱动尺寸参数作为阵列设计的基本参数，用户可以指定这些尺寸的增量变化以及阵列中的特征成员数。

实例 4-1：创建单向线性阵列。

① 选取孔特征，然后单击特征工具栏中的 按钮，系统显示孔特征的控制尺寸。

② 单击操作面板中"尺寸"按钮，弹出阵列的尺寸收集器，单击图 4-10 所示的特征尺寸 3.00，在阵列的尺寸收集器中"方向 1"下组合框中出现尺寸增量 3.00，双击尺寸 3.00 修改为 7.00。

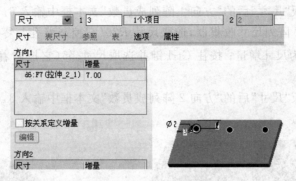

图 4-10　尺寸增量和阵列成员数

③ 在操作面板"尺寸"后的"方向 1 阵列成员数"文本框中输入 3，单击 ✓ 按钮完成阵列，如图 4-11 所示。

实例 4-2：创建双向线性阵列。

① 选取矩形台特征，然后在工具栏中单击 ⊞ 按钮，系统显示孔特征的控制尺寸。

图 4-11　完成阵列（单向线性阵列）

② 单击操作面板中"尺寸"按钮，弹出阵列的尺寸收集器，单击图 4-12 所示的特征尺寸 1.50，在阵列的尺寸收集器中"方向 1"下组合框中出现尺寸增量 1.50，双击尺寸 1.50 修改为 3.00。

③ 在操作面板"尺寸"后的"方向 1 阵列成员数"文本框中输入 6。

④ 单击操作面板中"尺寸"按钮，弹出阵列的尺寸收集器，单击特征尺寸 1.00，在阵列的尺寸收集器中"方向 2"下组合框中出现尺寸增量 1.00，双击尺寸 1.00 修改为 4.00。按住 Ctrl 键选取尺寸 2.00，它控制着伸出项的高度，双击尺寸 2.00 修改为 1.00。

⑤ 在操作面板"尺寸"后的"方向 2 阵列成员数"文本框中输入 3，单击 ✓ 按钮完成阵列，如图 4-13 所示。

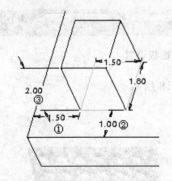

图 4-12　选取特征尺寸（双向线性阵列）

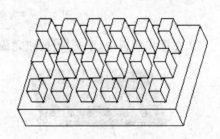

图 4-13　完成阵列（双向线性阵列）

实例 4-3：创建双向旋转阵列。

① 选取孔特征，然后在工具栏中单击 ⊞ 按钮，系统显示孔特征的控制尺寸。

② 单击方向 1 阵列尺寸收集器，选取角度尺寸 30°，如图 4-14 所示，然后输入 60 作为尺寸增量。

③ 在操作面板"尺寸"后的"方向1阵列成员数"文本框中输入6。

④ 单击方向2阵列尺寸收集器,选取尺寸R20(它控制着孔与零件圆盘中心之间的距离),输入10作为尺寸增量;按住Ctrl键并选取尺寸 φ5(它控制着孔的直径),输入2作为尺寸增量。

⑤ 在操作面板"尺寸"后的"方向2阵列成员数"文本框中输入3,单击 ☑ 按钮完成阵列,如图4-15所示。

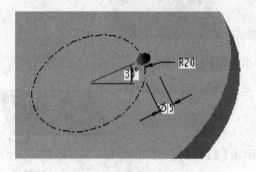

图4-14 选取特征尺寸(双向旋转阵列)   图4-15 完成阵列(双向旋转阵列)

注意:要创建孔的旋转阵列,可使用"半径"放置选项来放置孔。这样孔便有了控制其位置的角度尺寸,用户可使用此尺寸形成阵列。

2) 创建方向特征阵列实例

① 选取孔特征,然后在工具栏中单击 ▦ 按钮,系统打开"阵列"操作面板。

② 阵列方式选择"方向",方向1选取零件前侧棱线,成员数输入为3,方向1阵列成员间的间距为3。

③ 方向2选取零件右侧棱线,成员数输入为3,方向2阵列成员间的间距为3。操作面板设置情况如图4-16所示,图形预览如图4-17所示。

图4-16 "方向特征阵列"操作面板设置

④ 在操作面板中,单击 ☑ 按钮完成阵列,如图4-18所示。

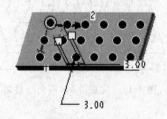

图4-17 图形预览(方向特征阵列)   图4-18 完成阵列(方向特征阵列)

注意:可作为方向参照的条目,除直边以外,还可以选取平面或平曲面、线性曲线、坐标轴及基准轴。

3）创建轴特征阵列实例

① 选取孔特征,然后在工具栏中单击▦按钮,打开"阵列"操作面板。

② 阵列方式选择"轴",选取模型轴线为阵列中心轴,方向 1 阵列成员数输入 5,角度范围为 200.00,方向 2 阵列成员数为 1。

③ 单击方向 1 阵列尺寸收集器,选取孔到中心轴半径距离尺寸 R20 为第一方向参照,增量值输入 5.00,如图 4-19 所示。

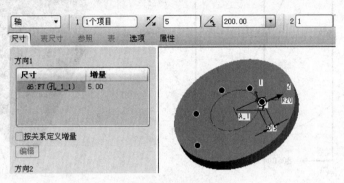

图 4-19　轴特征阵列设置

④ 在操作面板中单击☑按钮,系统完成阵列如图 4-20 所示。

图 4-20　完成轴特征阵列

注意：在轴阵列中,角度方向定位成员数有两种方法：一种为使用成员数和增量；另一种为使用成员数和阵列的角度范围,这两种方法用控制面板中的⬒按钮进行切换。

4.1.3　操作过程

泵盖零件建模过程如下。

（1）选择"文件"→"设置工作目录"命令,设置硬盘中 xm04 文件夹为工作目录,以后所有新建文件都直接保存到工作目录。

（2）选择"文件"→"新建"命令,新建名称为 bg.prt 的实体文件,取消选中"使用缺省模板"复选框,选用 mmns_part_solid 模板,单击"确定"按钮,进入实体建模界面。

（3）单击"拉伸工具"按钮 ⬚,选择草图平面为 RIGHT,草绘方向参照为 FRONT,右,绘制截面草图如图 4-21 所示,单击☑按钮,在操作面板中选择拉伸方式为"盲孔"⬚,设置拉伸深度值为 10.00mm,单击☑按钮完成实体拉伸,如图 4-22 所示。

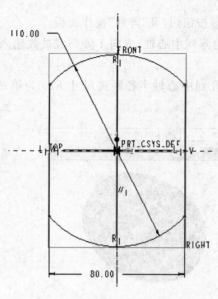

图 4-21　截面草图 1(泵盖)

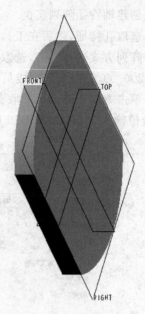

图 4-22　拉伸实体 1(泵盖)

（4）单击"拉伸工具"按钮，选择草图平面为工件前端面，草绘方向参照为工件右端面，右，绘制截面草图如图 4-23 所示，单击 ✔ 按钮，在操作面板中选择拉伸方式为"盲孔"，设置拉伸深度值为 75.00mm，单击 ☑ 按钮完成实体拉伸，如图 4-24 所示。

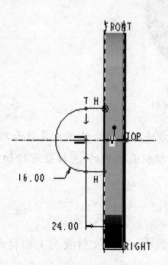

图 4-23　截面草图 2(泵盖)

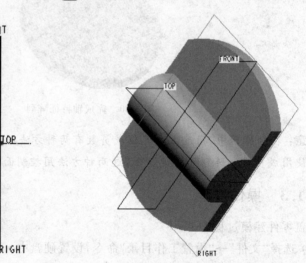

图 4-24　拉伸实体 2(泵盖)

（5）单击"拉伸工具"按钮，选择草图平面为拉伸 1 的左端面，草绘方向参照为 FRONT，右，绘制截面草图如图 4-25 所示，单击 ✔ 按钮，在操作面板中选择拉伸方式为"盲孔"，设置拉伸深度值为 30.00mm，单击 ☑ 按钮完成实体拉伸，如图 4-26 所示。

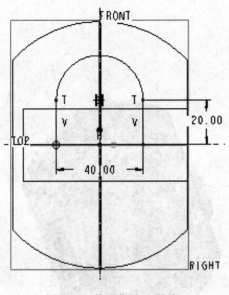

图 4-25 截面草图 3（泵盖）

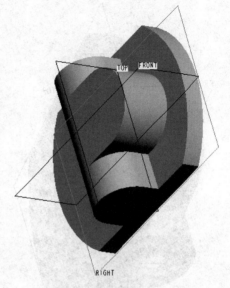

图 4-26 拉伸实体 3（泵盖）

（6）单击"旋转工具"按钮，选择草图平面为 TOP，草绘方向参照为 RIGHT，顶，绘制截面草图如图 4-27 所示，单击 ✓ 按钮，在操作面板中设置旋转角度值为 360°，去除材料，单击 ✓ 按钮完成旋转，如图 4-28 所示。

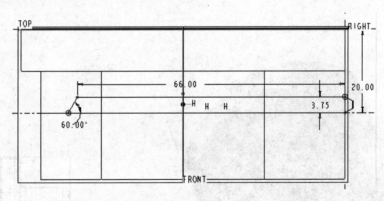

图 4-27 截面草图 4（泵盖）

（7）单击"圆角工具"按钮，在操作面板中设置圆角半径为 3.00，圆角边选择如图 4-29 所示。单击 ✓ 按钮完成实体圆角，如图 4-30 所示。

（8）单击"拉伸工具"按钮，选择草图平面为工件前端面，草绘方向参照为工件右端面，右，绘制截面草图如图 4-31 所示，单击 ✓ 按钮，在操作面板中选择拉伸方式为"盲孔"，去除材料，设置拉伸深度值为 33.00mm，单击 ✓ 按钮完成拉伸，如图 4-32 所示。

（9）单击"拉伸工具"按钮，选择草图平面为工件前端面，草绘方向参照为工件右端面，右，绘制截面草图如图 4-33 所示，单击 ✓ 按钮，在操作面板中选择拉伸方式为"盲孔"，去除材料，设置拉伸深度值为 2.00mm，单击 ✓ 按钮完成实体拉伸，如图 4-34 所示。

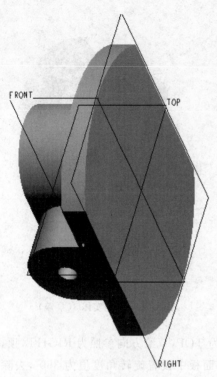

图 4-28　旋转切除实体 1(泵盖)

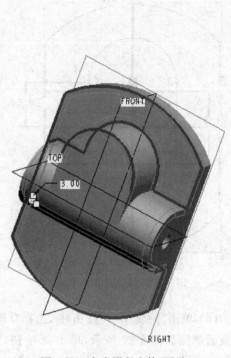

图 4-29　完成圆角实体(泵盖)

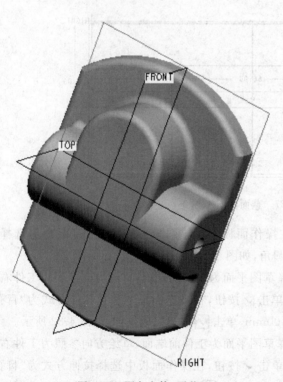

图 4-30　圆角实体(泵盖)

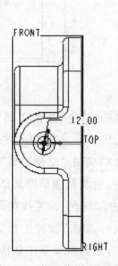

图 4-31　截面草图 5(泵盖)

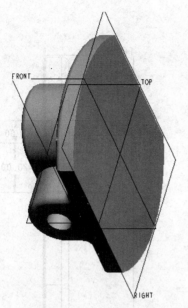

图 4-32　拉伸切除实体 1（泵盖）

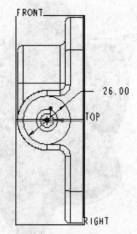

图 4-33　截面草图 6（泵盖）

（10）选择"插入"→"修饰"→"螺纹"命令，打开"修饰：螺纹"对话框，如图 4-35 所示。选择步骤（8）所建孔表面为螺纹曲面，起始曲面为步骤（9）拉伸后表面，方向向后，深度为 16.00，主直径为 14.00，单击"确定"按钮完成修饰螺纹，如图 4-36 所示。

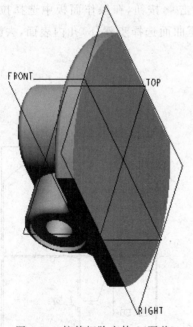

图 4-34　拉伸切除实体 2（泵盖）

图 4-35　"修饰：螺纹"对话框

（11）单击"旋转工具"按钮 ，选择草图平面为 TOP，草绘方向参照为 RIGHT，右，绘制截面草图如图 4-37 所示，单击 ✔ 按钮，在操作面板中设置旋转角度值为 360°，去除材料,单击 ☑ 按钮完成旋转,如图 4-38 所示。

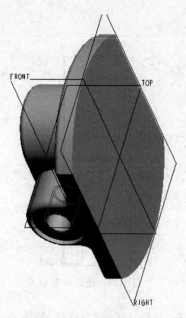

图 4-36 完成修饰螺纹(泵盖)

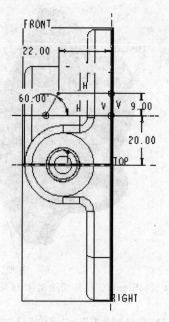

图 4-37 截面草图 7(泵盖)

(12) 单击"拉伸工具"按钮 ,选择草图平面为工件右端面,草绘方向参照为工件 FRONT,左,绘制截面草图如图 4-39 所示,单击 ✔ 按钮,在操作面板中选择拉伸方式为 拉伸至选定的点、曲线、平面或曲面 ,拉伸至曲面选择步骤(8)孔内表面,去除材料,单 击 ☑ 按钮完成去除材料拉伸,如图 4-40 所示。

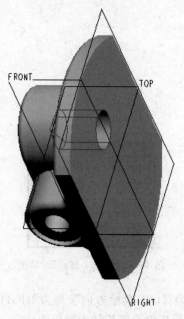

图 4-38 旋转切除实体 2(泵盖)

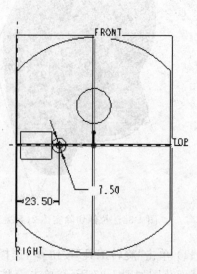

图 4-39 截面草图 8(泵盖)

（13）单击"拉伸工具"按钮 ，选择草图平面为工件右端面，草绘方向参照为工件FRONT，左，绘制截面草图如图 4-41 所示，单击 ✓ 按钮，在操作面板中选择拉伸方式为拉伸至选定的点、曲线、平面或曲面 ，拉伸至曲面选择步骤（6）孔内表面，去除材料，单击 ✓ 按钮完成去除材料拉伸，如图 4-42 所示。

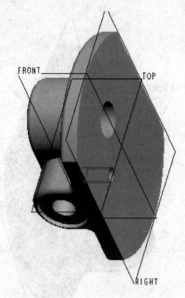

图 4-40　拉伸切除实体 2（泵盖）

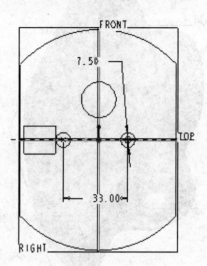

图 4-41　截面草图 9（泵盖）

（14）单击"孔工具"按钮 ，选择孔放置平面为步骤（3）实体左端面，放置方式为"径向"，"偏移参照"为 TOP 和步骤（11）生成的孔中心线，偏移分别为 45 与 30.00，如图 4-43 所示。在操作面板中选择"创建简单孔"按钮 ，单击"钻孔至与所有曲面相交"按钮 ，孔径为 5mm，单击 ✓ 按钮完成打孔，如图 4-44 所示。

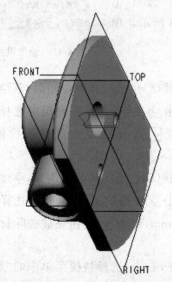

图 4-42　拉伸切除实体 3（泵盖）

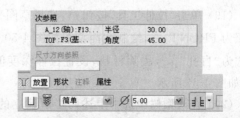

图 4-43　孔特征参数设置

（15）选中上面所做的孔特征"孔1"，单击"镜像工具"按钮，在绘图区或模型树中选择 FRONT 平面，单击✓按钮完成镜像特征，如图 4-45 所示。

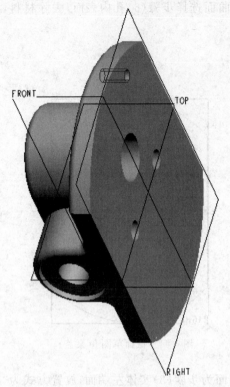

图 4-44　孔特征 1

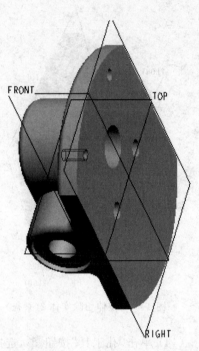

图 4-45　镜像 1

（16）选中上面所做的镜像特征"镜像1"，单击"镜像工具"按钮，在绘图区或模型树中选择 TOP 平面，取消选中"选项"上滑面板中的"复制为从属项"前面的复选框，如图 4-46 所示。单击✓按钮完成镜像特征，如图 4-47 所示。

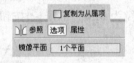

图 4-46　镜像设置

（17）删除步骤（15）生成的"镜像 1"。

（18）单击"拉伸工具"按钮，选择草图平面为步骤（3）生成实体的左端面，草绘方向参照为 FRONT，右，绘制截面草图如图 4-48 所示，单击✓按钮，在操作面板中选择拉伸方式为拉伸至与所有曲面相交，去除材料，单击✓按钮完成去除材料拉伸，如图 4-49 所示。

（19）单击"拉伸工具"按钮，选择草图平面为步骤（3）生成实体的左端面，草绘方向参照为 FRONT，右，绘制截面草图如图 4-50 所示，单击✓按钮，在操作面板中选择拉伸方式为"盲孔"，去除材料，设置拉伸深度值为 2.00mm，单击✓按钮完成去除材料拉伸，如图 4-51 所示。

（20）在模型树中选中上述两步所建立的拉伸特征，右击，选择快捷菜单中的"组"命令，将两个特征合并成组，如图 4-52 所示。

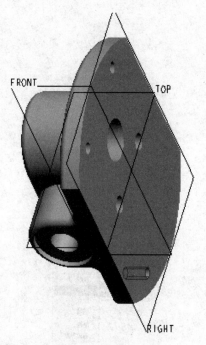

图 4-47　镜像 2

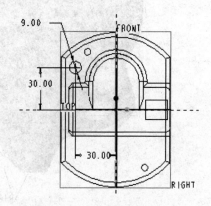

图 4-48　截面草图 10(泵盖)

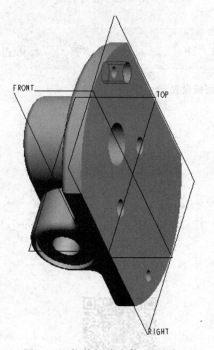

图 4-49　拉伸切除实体 4(泵盖)

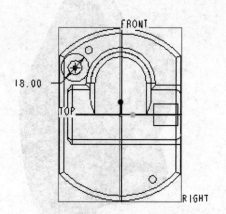

图 4-50　截面草图 11(泵盖)

(21) 在模型树中选取上述建立的组,单击"阵列工具"按钮▦,在控制面板中选取阵列类型为"方向",方向参照分别为 TOP 和 FRONT,阵列成员数与阵列成员间的间距均为 2 和 60,控制面板设置如图 4-53 所示。单击☑按钮,阵列完成图如图 4-54 所示。

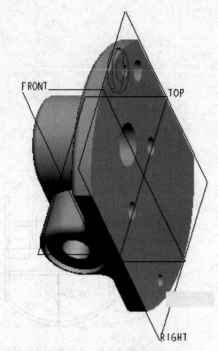

图 4-51 拉伸切除实体5(泵盖)　　　　图 4-52 合并为组

图 4-53 阵列控制面板设置

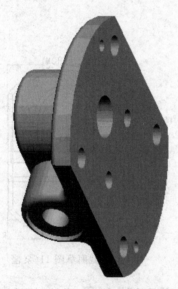

图 4-54 泵盖三维实体完成图　　　　泵盖三维建模操作参考.mp4(34.1MB)

4.1.4 知识拓展——特征镜像

1. 特征镜像概述

使用镜像工具可以将已经创建完成的特征快速复制，以提高设计效率。

Pro/E 中镜像特征有两种方法。

（1）镜像所有特征。此方法可复制特征并创建包含模型所有特征几何的合并特征。使用此方法时，必须在模型树中选取所有特征和零件节点，如图 4-55 所示。

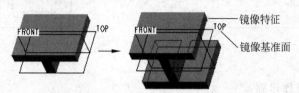

图 4-55 镜像所有特征

（2）镜像选定特征。此方法仅复制选定的特征，如图 4-56 所示。

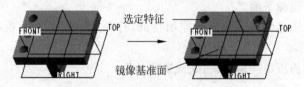

图 4-56 镜像选定的特征

2. 特征镜像工具

选中原始特征后，单击特征工具栏中的 按钮，或单击"编辑"→"镜像"命令，系统进入"镜像工具"操作面板，如图 4-57 所示。

图 4-57 "特征镜像工具"操作面板

"特征镜像工具"操作面板非常简洁，其工具栏中只有一个"镜像平面"收集器，用于选取镜像平面。而功能性下滑面板也仅有以下两个。

（1）"参照"下滑面板，如图 4-58 所示，其功能也是用于选择镜像平面，激活"镜像平面"收集器后，使用鼠标在图形窗口或者模型树中直接选取即可。

（2）"选项"下滑面板，如图 4-59 所示，仅有一个"复制为从属性"复选框，选中该复选框后，特征镜像所创建的新特征的尺寸从属于原始特征的尺寸，而清除该项后，新建特征的尺寸是独立的。

图 4-58 "参照"下滑面板 1　　　　　　　　　图 4-59 "选项"下滑面板 1

当镜像几何时,"下滑"面板与前面所示不同,图 4-60 所示为创建镜像几何时的"参照"下滑面板,其中包含了"镜像项目"收集器和"镜像平面"收集器,分别用于选择镜像项目和镜像平面,而图 4-61 所示为创建镜像几何时的"选项"下滑面板,当选中其中的"隐藏原始几何"复选框后,则在完成镜像特征时,系统只显示新镜像几何而隐藏原始几何。

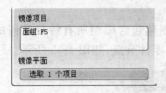

图 4-60　"参照"下滑面板 2　　　　　图 4-61　"选项"下滑面板 2

3. 特征镜像操作步骤

(1) 选取要镜像的一个或多个特征。

(2) 在特征工具栏中单击 ⅡⅡ 按钮,或单击"编辑"→"镜像"命令,镜像工具打开。

(3) 选取一个镜像平面。

(4) 如果要使镜像的特征独立于原始特征,打开"选项"下滑面板,然后取消选中"复制为从属项"复选框。

(5) 单击操作面板中的 ☑ 按钮完成镜像特征。

任务 4.2　泵体三维建模

按如图 4-62 所示的形状和尺寸,完成齿轮油泵泵体的三维建模。

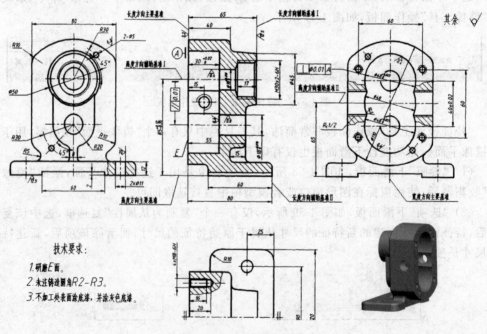

图 4-62　齿轮油泵泵体

4.2.1 任务解析

本任务以齿轮油泵泵体零件为载体,学习 Pro/E 5.0 软件实体建模界面的操作和应用,该零件主要采用了拉伸特征、拔模特征、倒圆角特征、筋特征、修饰螺纹特征、阵列特征和孔特征等组成。

泵体建模步骤如图 4-63 所示。

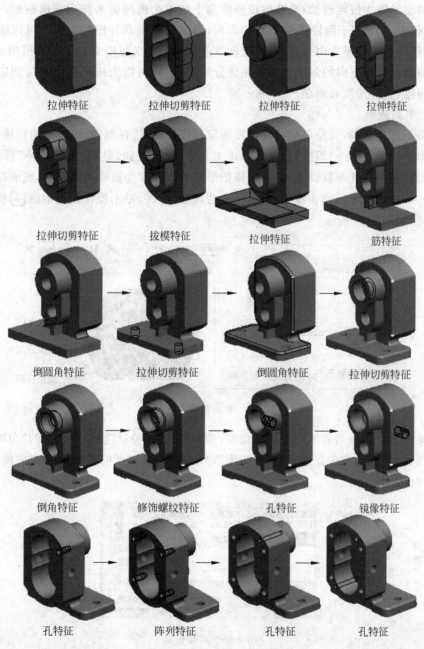

拉伸特征　　拉伸切剪特征　　拉伸特征　　拉伸特征

拉伸切剪特征　　拔模特征　　拉伸特征　　筋特征

倒圆角特征　　拉伸切剪特征　　倒圆角特征　　拉伸切剪特征

倒角特征　　修饰螺纹特征　　孔特征　　镜像特征

孔特征　　阵列特征　　孔特征　　孔特征

图 4-63　齿轮油泵体创建过程

4.2.2　知识准备——拔模特征、筋特征和修饰螺纹

1. 拔模特征

在 Pro/E 中创建拔模特征后,拔模曲面将绕拔模枢轴曲线旋转一定角度而形成拔模斜面。其中包括的关键术语的含义如下。①拔模曲面:模型中要拔模的曲面。②拔模枢轴:拔模前后长度不会发生变化的边,也称为中立曲线。可选取平面(此时拔模曲面与选取平面的交线即为拔模枢轴)或选取拔模曲面上的单个曲线链来作为拔模枢轴。③拔模方向(拖拉方向):用于测量拔模角度的方向,通常就是模具开模的方向。可以通过选取平面(其法向即为拔模方向)、直边、基准轴或坐标轴来定义拔模方向。④拔模角度:生成的拔模斜面与拔模方向的角度。如果创建分割拔模,则可以为拔模曲面的每侧定义两个不同的角度,拔模角度必须在$-30°\sim+30°$。

(1) 单向拔模

如果不进行分割,只是单向拔模需要指定拔模曲面、拔模枢轴、拔模方向和拔模角度。单击菜单中的"插入"→"斜度"命令或单击工具条中 按钮,显示"拔模特征"操作面板;单击"参照"按钮打开参数设置面板,选择图形所有侧面作为拔模曲面,图形底面作为拔模枢轴,选一 TOP 基准面作为拔模方向,输入拔模角度"5",单击操作面板中的 按钮完成拔模特征,如图 4-64 所示。

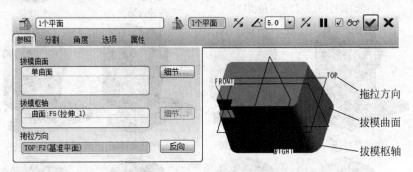

图 4-64　单向拔模参数设置

如果需要在同一边有不同的拔模角度,请单击"拔模特征"操作面板上的"角度"按钮,弹出角度设置面板,右击并选择"添加角度"命令,输入控制点的位置比率和拔模角度,如图 4-65 所示。

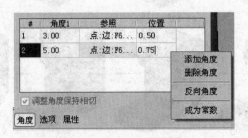

图 4-65　可变拔模

（2）双向拔模

利用"分割选项"可以将拔模曲面沿着拔模枢轴（或拔模曲面上的草绘曲线）分为两个独立的区域，以不同的角度生成拔模斜面。选择拔模枢轴进行分割，生成上部拔模角度为5°、下部拔模角度为 5°的双向拔模参数设置面板，双向拔模特征如图 4-66 所示。

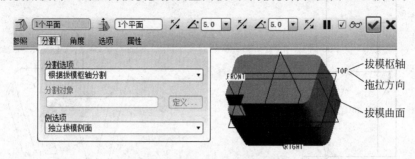

图 4-66　双向拔模参数设置

2．筋特征

为了创建零件上经常出现的加强筋，Pro/E 中提供了筋特征造型工具，筋特征与拉伸特征类似，但不同的是筋特征的横截面会自动变化，从而与相连的曲面边界保持封闭，如图 4-67 所示。

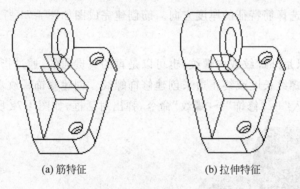

(a) 筋特征　　　　　　　(b) 拉伸特征

图 4-67　筋特征与拉伸特征的差别

注意：在草绘筋特征的截面时，一定要与实体相封闭，否则无法生成筋特征。

下面以一实例来介绍筋特征的创建过程。

（1）首先创建一个轴承座零件，单击菜单中的"插入"→"筋"命令或单击工具条中的 ⏢ 按钮，增加筋特征；显示"筋特征"操作面板，如图 4-68 所示。

（2）单击"参照"按钮，打开参照设置面板，单击"定义"按钮，在 FRONT 基准平面内草绘筋的截面如图 4-69 所示，注意使筋特征截面与实体边界构成封闭区域。

图 4-68　"筋特征"操作面板

（3）完成草绘退出草绘界面后，可能还需要单击图 4-70 中所示的黄色箭头切换方向，以确定草绘在哪个方向上与实体边界构成封闭区域，如图 4-70 所示，方向向左。

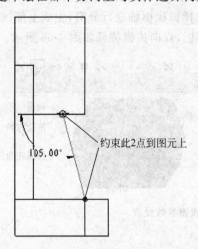

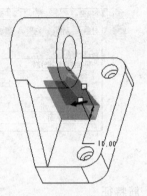

图 4-69　通过约束保证草绘图元与实体连接　　　　图 4-70　筋厚度设置

（4）筋特征的厚度，本例为 10，其厚度方向可以是在草绘平面的某一侧或两侧对称，单击特征操作面板中的 按钮可以进行厚度方向的切换，或者右击图 4-70 中所示的小方框，并从菜单中选择筋特征的厚度方向。筋创建完成图如图 4-71 所示。

3. 修饰螺纹

修饰螺纹可以是外螺纹或内螺纹，也可以是盲的或贯通的，通过指定螺纹内径或螺纹外径、起始曲面和螺纹长度或终止边来创建修饰螺纹。创建修饰螺纹步骤如下。

（1）单击"插入"→"修饰"→"螺纹"命令，弹出对话框，如图 4-72 所示。

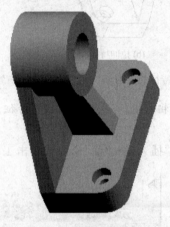

图 4-71　筋创建完成图　　　　　　图 4-72　修饰螺纹

对话框中各元素意义如下。

① 螺纹曲面——指定要添加修饰螺纹的曲面。

② 起始曲面——指定螺纹开始曲面,以此曲面为基准,给定螺纹长度。可选取曲面组、常规曲面或分割曲面(比如属于旋转特征、倒角、倒圆角或扫描特征的曲面)。

③ 方向——指定螺纹方向。

④ 深度——即螺纹长度。可通过"盲孔""至点/顶点"(Up To Pnt/Vtx)、"至曲线"(Up To Curve)或"至曲面"(Up To Surface)等方式设置螺纹长度;如果选择"至曲面"(Up To Surface),可选取实体曲面或基准平面,或创建基准平面。如果选择"盲孔"(Blind),系统会提示输入特征深度。

⑤ 主直径(Major Diam)——如果使用圆柱曲面,用户应输入螺纹直径;如果使用圆锥曲面,用户应输入螺纹高度。螺纹是外部的还是内部的,由螺纹曲面的几何决定。如果是轴,则为外螺纹;如果是孔,则为内螺纹。对于内螺纹,默认直径值比孔的直径大10%。对于外螺纹,默认直径值比孔的直径小10%

"特征参数"菜单中的以下命令之一可以对参数文件进行相关操作和设置。

① 检索——浏览查找要读入的参数文件。

② 保存——为参数文件输入一个新名称并保存。

③ 修改参数——打开参数文件并编辑其内容。

④ 显示——打开包含螺纹参数值的信息窗口。

⑤ 预览——显示螺纹轮廓。

(2) 在图4-73(a)所示的圆柱体上(直径20,长度50,倒角1.5),按照提示选择螺纹曲面S1,起始曲面S2,方向如图4-73(b)所示,单击"正向"按钮,选择"盲孔"拉伸方式,单击"完成"按钮,输入螺纹深度"30",螺纹主直径"18",单击"完成/返回"按钮,单击"确定"按钮,完成螺纹修饰操作,如图4-73(c)所示。

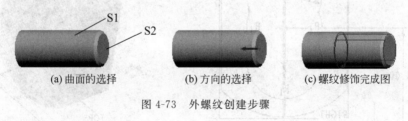

(a) 曲面的选择　　　　　(b) 方向的选择　　　　　(c) 螺纹修饰完成图

图4-73　外螺纹创建步骤

4.2.3　操作过程

齿轮油泵泵体建模过程如下。

(1) 选择"文件"→"设置工作目录"命令,设置硬盘中xm03文件夹为工作目录。

(2) 选择"文件"→"新建"命令,新建名称为clybt.prt的实体文件,取消选中"使用缺省模板"复选框,选用mmns_part_solid模板,单击"确定"按钮,进入实体建模界面。

(3) 单击"拉伸工具"按钮 ⬚ ,选择草图平面为RIGHT,草绘方向参照为TOP顶参照,绘制截面草图如图4-74所示,注意 ϕ110的中心和TOP平面之间的尺寸为65,单击 ✔ 按钮,在操作面板中选择拉伸方式为"盲孔" ⬚ ,设置拉伸深度值为40.00mm,单击 ☑ 按钮完成实体拉伸,如图4-75所示。

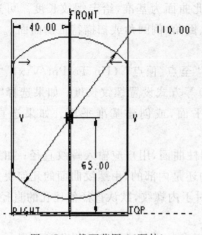

图 4-74　截面草图 1(泵体)

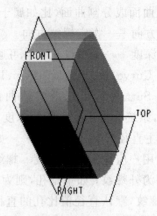

图 4-75　拉伸实体 1(泵体)

（4）单击"拉伸工具"按钮，选择草图平面为 RIGHT，草绘方向参照为 TOP 顶参照，绘制截面草图如图 4-76 所示，单击 ✓ 按钮，在操作面板中选择添加材料方式为"切除材料"，选择拉伸方式为"盲孔"，拉伸深度为 30.00mm，单击 ✓ 按钮完成实体拉伸，如图 4-77 所示。

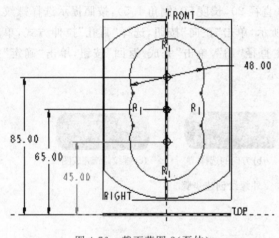

图 4-76　截面草图 2(泵体)

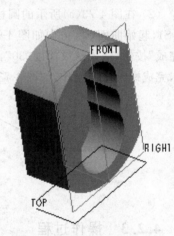

图 4-77　拉伸实体 2(泵体)

（5）单击"拉伸工具"按钮，选择草绘平面为 S1，如图 4-78 所示。草绘方向参照为 TOP 顶参照，绘制截面草图如图 4-79 所示，单击 ✓ 按钮，在操作面板中选择拉伸方式为"盲孔"，设置拉伸深度值为 25.00mm，单击 ✓ 按钮完成实体拉伸，如图 4-80 所示。

（6）单击"拉伸工具"按钮，选择草绘平面为 S1，如图 4-78 所示。草绘方向参照为 TOP 顶参照，进入草绘环境中，绘制截面草图如图 4-81 所示，单击 ✓ 按钮，在操作面板中选择拉伸方式为

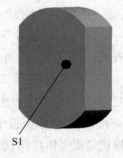

图 4-78　选择草图平面

"盲孔"，设置拉伸深度值为 15.00mm，单击 按钮完成实体拉伸，如图 4-82 所示。

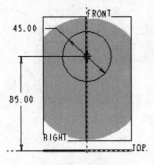

图 4-79 截面草图 3（泵体）

图 4-80 拉伸实体 3（泵体）

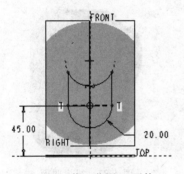

图 4-81 截面草图 4（泵体）

图 4-82 拉伸实体 4（泵体）

（7）单击"拉伸工具"按钮，选择草绘平面为 S1，如图 4-78 所示。草绘方向参照为 TOP 顶参照，进入草绘环境中，绘制同心圆，分别单击如图 4-76 虚线所示的两个 $\phi48$ 圆作为参照，确定圆心，绘制如图 4-83 所示的两个 $\phi18$ 圆，单击 按钮，在操作面板中选择添加材料方式为"切除材料"，选择拉伸方式为"对称"，设置拉伸深度值自定，以超过切除材料的最外平面为宜，单击 按钮完成实体拉伸，如图 4-84 所示。

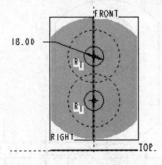

图 4-83 截面草图 5（泵体）

图 4-84 拉伸实体 5（泵体）

（8）单击"拔模工具"按钮，选择"参照"选项卡，如图 4-85 所示，该命令默认选择拔模曲面 S2，如图 4-86 所示，拔模枢纽选择 S3，单击"拖动方向"选项下的"反向"按钮，选择草绘平面为 S1,在如图 4-85 所示的"角度"处输入 3.00。单击 ✔ 按钮完成拔模操作,如图 4-87 所示。

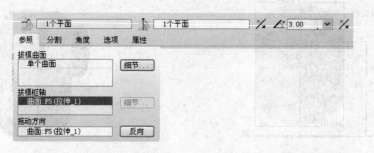

图 4-85　拔模设置

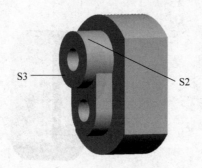

图 4-86　拔模选择操作　　　　　　　　　　图 4-87　拔模曲面

（9）单击"基准平面"按钮 ▱,在"基准平面"对话框中选择 RIGHT 基准面,设置偏距值为 20.00mm,单击"确定"按钮,创建新的参照平面 DTM1,基准平面如图 4-88 所示。

（10）单击"拉伸工具"按钮 ▱,选择草图平面为 DTM1,草绘方向参照为 TOP 顶参照,进入草绘环境中,绘制图形如图 4-89 所示,单击 ✔ 按钮,在操作面板中选择拉伸方式为"盲孔" ▱,设置拉伸深度值为 60.00mm,单击 ☑ 按钮完成实体拉伸,如图 4-90 所示。

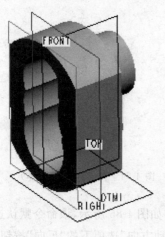
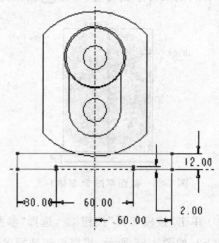

图 4-88　基准平面的建立　　　　　　　　　图 4-89　截面草图 6(泵体)

(11) 单击"筋工具"按钮 ，选择"参照"选项卡，选择草图平面为 FRONT，草绘方向为默认方向，进入草绘环境中，选择虚线作为参照，绘制直线，如图 4-91 所示，单击 ✔ 按钮，输入筋板厚度为 8.00，单击 ✔ 按钮完成筋板操作，如图 4-92 所示。

选择图中虚线为参照

| 图 4-90 拉伸实体 6(泵体) | 图 4-91 筋截面建立 | 图 4-92 筋创建 |

(12) 单击"倒圆角工具"按钮 ，选中如图 4-93 所示实线及其对称的部分作为倒角边，输入圆角半径 5.00，单击 ✔ 按钮完成倒圆角操作，如图 4-94 所示。

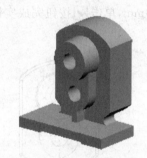

5.00

| 图 4-93 倒圆角选择 | 图 4-94 倒圆角 1(泵体) |

(13) 同理，完成如图 4-95 所示倒圆角的操作。

(14) 单击"拉伸工具"按钮 ，选择草图平面为 S4，如图 4-95 所示。草绘方向参照默认，进入草绘环境中，绘制两个 $\phi 11$ 的圆，位置如图 4-96 所示，单击 ✔ 按钮，在操作面板中选择添加材料方式为"切除材料" ，选择拉伸方式为"贯通" ，单击 ✔ 按钮完成实体拉伸，如图 4-97 所示。

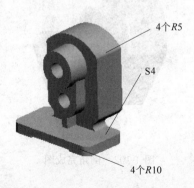

4个R5

S4

4个R10

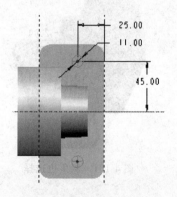

25.00

11.00

45.00

| 图 4-95 倒圆角 2(泵体) | 图 4-96 截面草图 7(泵体) |

（15）完成如图 4-98 所示的倒圆角操作，半径均为 *R*3。

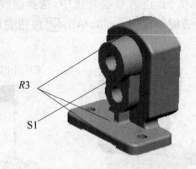

图 4-97　拉伸实体 7（泵体）　　　　　图 4-98　倒圆角 3（泵体）

（16）单击"拉伸工具"按钮，选择草图平面为 S5，如图 4-98 所示。草绘方向参照为
TOP 顶参照，进入草绘环境中，绘制 φ18 的同心圆，如图 4-99 所示，单击 ✔ 按钮，在操作
面板中选择添加材料方式为"切除材料"，选择拉伸方式为"盲孔"，设置拉伸深度值
为 17.00mm，单击 ✔ 按钮完成实体拉伸，如图 4-100 所示。

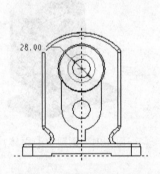

图 4-99　草图截面 8（泵体）　　　　　图 4-100　拉伸结果

（17）单击"倒圆角工具"按钮，分别选中如图 4-101 所示的两条实线作为倒角边，
输入倒角尺寸为 2，单击 ✔ 按钮完成倒角特征操作，如图 4-102 所示。

图 4-101　倒角边选择　　　　　图 4-102　倒角完成图

（18）单击"插入"→"修饰"→"螺纹"命令，弹出对话框，依次选择螺纹曲面 S6，起始曲面 S7，如图 4-103 所示，方向默认，深度选择"盲孔"，输入值 17.00，主直径输入 30.00，单击"完成/返回"按钮。单击"预览"按钮，如图 4-104 所示。单击"确定"按钮后完成修饰螺纹的操作。

图 4-103 螺纹曲面的选择   图 4-104 螺纹修饰预览

（19）单击"孔工具"按钮，单击"放置"按钮，弹出下拉面板，单击 S8 面，使"曲面：F5（拉伸_1）"在"放置"框中处于选中状态，"类型"选择为"线性"，单击激活"偏移参照"框，按住 Ctrl 键，单击 RIGHT 平面和 TOP 平面作为偏移参照，放置设置如图 4-105 所示；在孔操作面板参数中依次选择"标准孔"，标准孔螺纹类型选 UNC，螺纹尺寸选 1/2～13，指定钻孔深度类型，选择"钻孔至下一曲面"，设置完成后单击 按钮完成螺纹孔特征操作，完成图如图 4-106 所示。

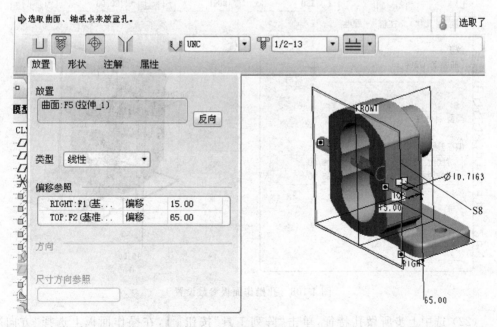

图 4-105 螺纹孔操作面板设置

(20) 选中孔特征,单击 工具按钮,选择 FRONT 平面作为镜像平面,单击 ☑ 按钮完成镜像特征操作,如图 4-107 所示。

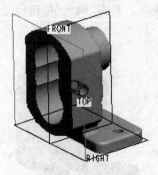

图 4-106　螺纹孔特征

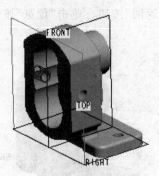

图 4-107　螺纹孔特征镜像

(21) 单击"孔工具"按钮 ,单击"放置"按钮,弹出下拉面板,单击 RIGHT 面,使"曲面:F5(拉伸_1)"在"放置"框中处于选中状态,"类型"选择为"线性",单击激活"偏移参照"框,按住 Ctrl 键,单击 FRONT 平面和 TOP 平面作为偏移参照,放置设置如图 4-108 所示;在孔操作面板参数中依次进行设置,单击"形状"按钮,弹出如图 4-109 所示对话框,输入螺纹长度 16.00,其余默认,所有设置完成后单击 ☑ 按钮完成孔特征操作,如图 4-110 所示。

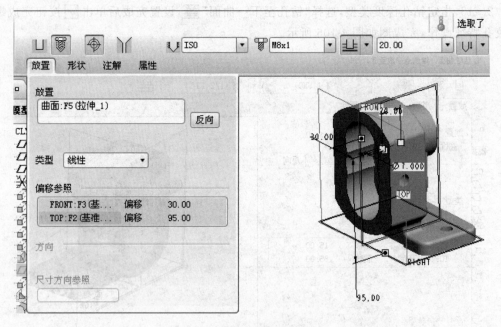

图 4-108　孔操作面板参数设置 1

(22) 选中上步所做孔特征,单击"阵列工具"按钮 ,在操作面板上选择"方向阵列",分别在两个方向选择阵列参照,设置如图 4-111 和图 4-112 所示,单击 ☑ 按钮完成阵列 4 个螺纹孔特征阵列,如图 4-113 所示。

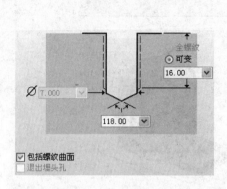

图 4-109 孔形状设置

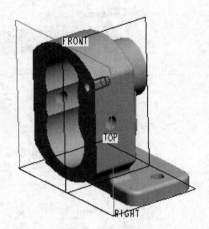

图 4-110 孔特征 1

图 4-111 方向阵列设置

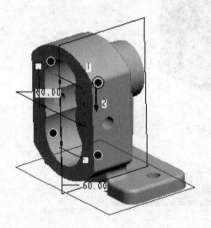

图 4-112 阵列方向

图 4-113 阵列完成图

(23) 单击"孔工具"按钮 ，单击"放置"按钮，弹出下拉面板，单击 RIGHT 面，使"曲面：F5(拉伸_1)"在"放置"框中处于选中状态，"类型"选择为"直径"，单击激活"偏移参照"框，按住 Ctrl 键，单击 A1 轴线和 TOP 平面作为偏移参照，放置设置如图 4-114 所示；所有设置完成后单击 按钮完成孔特征操作。如图 4-115 所示。

(24) 单击"孔工具"按钮 ，单击"放置"按钮，弹出下拉面板，单击 RIGHT 面，使"曲面：F5(拉伸_1)"在"放置"框中处于选中状态，"类型"选择为"直径"，单击激活"偏移参照"框，按住 Ctrl 键，单击 A3 轴线和 TOP 平面作为偏移参照，放置设置如图 4-116 所示；所有设置完成后单击 按钮完成孔特征建模及泵体实体建模，如图 4-117 所示。

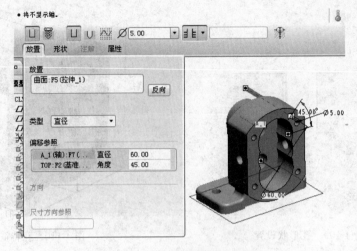

图 4-114　孔操作面板参数设置 2

图 4-115　孔特征 2

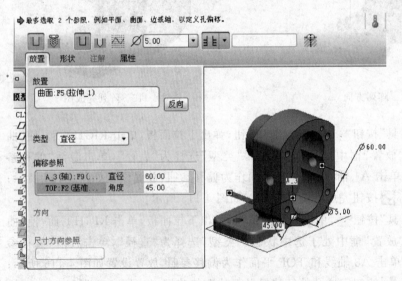

图 4-116　孔操作面板参数设置 3

泵体三维建模操作
参考. mp4(45.9MB)

4.2.4　知识拓展——特征复制

当需要创建一个和已有特征相同、相似或对称的特征，并不需要完全重复特征创建的过程，而是可以利用特征复制功能，产生一个独立的新特征或从属于已有特征的副本。具体的操作办法是在菜单中选择"编辑"→"特征操作"→"复制"命令，出现如图 4-118 所示的特征复制菜单。

图 4-117　泵体完成图　　　　　图 4-118　"特征复制"菜单

从"特征复制"菜单中可看到有 4 种常用的复制方式：新参考方式、相同参考方式、镜像方式、移动方式；菜单管理器中的第二个选项是源特征的选取方式；第三个选项是确定产生的新特征是否从属于源特征。

1. 新参考方式

选择新参考方式后，可以产生一个特征副本，在产生这个复制的特征副本的过程中，可以修改特征的尺寸参数和参考。具体步骤如下。

按图设置后，单击"完成"按钮，提示选择复制的源特征，选取源特征后会弹出对话框，如图 4-119 所示，选择需要修改的尺寸，当鼠标滑过对话框中的某个尺寸选项时，对应的特征尺寸会以红色显示，也可以直接在图形窗口单击选择特征尺寸。

单击图 4-119 所示的"完成"按钮，输入新的尺寸值后，即进入到特征的新参考设置状态，选择零件右侧面为草绘面，选择 TOP 为草绘参照面，选择 FRONT 为尺寸标注参照面，单击"反向"→"确定"→"完成"命令完成零件新参考方式复制，如图 4-120 所示。

2. 相同参考方式

相同参考方式产生的新特征必须延用源特征的所有参考，只能修改其尺寸值，如图 4-119 所示，相同参考方式完成图如图 4-121 所示，图中新特征高度和位置的变化是通过在复制过程中修改尺寸参数实现的。

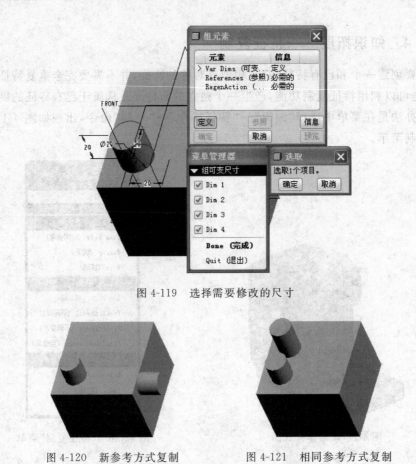

图 4-119　选择需要修改的尺寸

图 4-120　新参考方式复制　　　　图 4-121　相同参考方式复制

3. 移动方式

　　如果新特征与源特征在位置上有平移或旋转关系,则可以在复制时采用移动方式;在选择平移方式,选定源特征后,弹出"移动特征"菜单,如图 4-122 所示,先选择平移还是旋转,再从"选取方向"中选定方向参照类型,再选择方向参照。

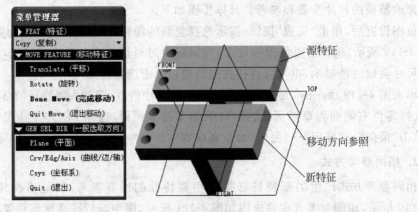

图 4-122　移动复制

平移的方向可沿某条指定线性边或曲线、轴或坐标系的其中一个轴,或沿垂直于某指定平面或平曲面的方向;旋转的方向可以是绕某个现有轴、线性边、曲线,或绕坐标系的某个轴旋转。图 4-122 给出了平移复制的例子,图 4-123 给出了旋转复制的例子。

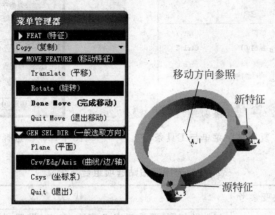

图 4-123 选转复制

在移动复制时也可以选择修改特征的尺寸参数。

如果在图 4-118 所示的"特征复制"菜单中选择"独立",则复制产生的特征是一个独立的副本,不会与原始特征有关联;如果选择的是"从属",则新特征中未修改的特征尺寸将与源特征相关联。尝试复制产生一个从属特征,然后修改源特征的尺寸参数,观察再生时复制特征的尺寸是否跟着一起变化。

4. 复制、粘贴与选择性粘贴

Pro/E 5.0 提供了类似于标准 Windows 程序的复制粘贴功能,可使用"复制"(Copy)、"粘贴"(Paste)和"选择性粘贴"(Paste Special)命令在同一模型内或跨模型复制并放置特征或特征集、几何、曲线和边链。

(1)只要剪贴板上存在复制的特征、特征集或几何特征,就可以在每次粘贴操作后,在不复制特征或几何特征的情况下,创建特征、特征集或几何特征。

(2)在两个不同的模型之间或同一零件的两个不同版本之间复制并粘贴特征。

(3)创建原始特征或特征集的独立的、部分从属的或完全从属的实体。

图 4-124 给出了复制、粘贴和选择性粘贴的菜单与工具条,说明如下。

(1)复制:将选定特征放入剪贴板(是 Pro/E 软件的剪贴板,与 Windows 系统的剪贴板无关)。

(2)粘贴:插入一个与剪贴板中特征类型一致的新特征,直接进入该特征的创建界面,定义特征的草绘、参考、设置、尺寸等。

(3)选择性粘贴:产生一个剪贴板中特征的副本,可以有"是否尺寸关联""是否移动"和"是否更改参考"等选项,这些选项可以在图 4-125 所示的"选择性粘贴"对话框中设置,选择不同的设置组合对应的含义见表 4-1。

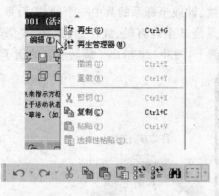

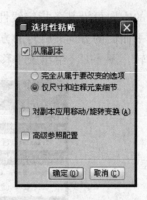

图 4-124　复制粘贴菜单与工具条　　　　图 4-125　"选择性粘贴"对话框

表 4-1　选择性粘贴选项组合与含义

	关联	移动	改变参考	代表意义
组合方式	×	×	×	与粘贴相同,要重新定义草绘、参考、设置、尺寸等来创建一个与剪贴板中类型相的特征
	√	×	×	创建一个形状尺寸与源特征关联,但定位尺寸独立的新特征
	√	√	×	创建相关联的移动特征
	√	×	√	重新选择参考,产生一个形状尺寸和定位尺寸都相关联的新特征
	×	√	×	创建不相关联的移动特征
	×	×	√	重新选择参考,创建一个形状尺寸和定位尺寸不关联的新特征

保留"仅尺寸和注释元素细节"的选取将创建仅与尺寸或草绘(或两者)或者注释元素以及无其他特征属性或参数具有从属关系的副本。

选取"完全从属于要改变的选项"可创建完全从属的副本,并可在粘贴复制的特征后改变相对于其草绘、注释、尺寸、参数和参照的从属关系。

任务 4.3　弹簧的三维造型

按如图 4-126 所示的形状和尺寸,完成齿轮油泵弹簧的三维建模。

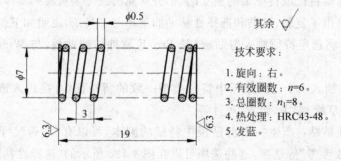

其余 √

技术要求:
1. 旋向:右。
2. 有效圈数:$n=6$。
3. 总圈数:$n_1=8$。
4. 热处理:HRC43-48。
5. 发蓝。

图 4-126　齿轮油泵弹簧

4.3.1　任务解析

图 4-126 所示为齿轮油泵弹簧的零件图。该零件主体结构为一螺旋状外形,根据该零件特征可采用螺旋扫描的方法进行建模。

齿轮油泵弹簧建模步骤如图 4-127 所示。

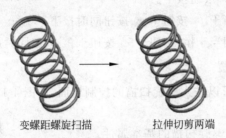

变螺距螺旋扫描　　　　　　拉伸切剪两端

图 4-127　齿轮油泵弹簧建模步骤

4.3.2　知识准备——变螺距螺旋扫描

螺旋扫描是用来创建螺旋状的造型指令,通常用于创建弹簧、螺纹、刀具等造型。实际上螺旋扫描就是一个扫描轨迹是螺旋线的特殊类型扫描,可以方便地改变螺旋螺距、螺旋方向等。

1. 插入螺旋扫描特征的方法

单击菜单中的“插入”→“扫描”命令后有 7 个子菜单,如图 4-128 所示。子菜单介绍如下。

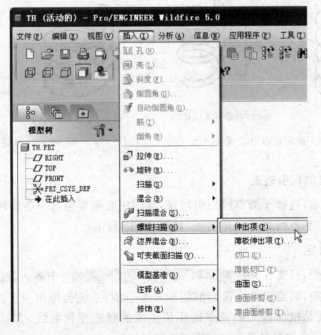

图 4-128　“螺旋扫描”类型

（1）"伸出项"相当于 ⬜ 按钮按下。

（2）"薄板伸出项"相当于 ⬜ 按钮＋⬜ 按钮同时按下。

（3）"切口"相当于 ⬜ 按钮＋⬜ 按钮同时按下。

（4）"薄板切口"相当于 ⬜ 按钮＋⬜ 按钮＋⬜ 按钮同时按下。

（5）"曲面"相当于 ⬜ 按钮按下。

（6）"曲面修剪"相当于 ⬜ 按钮＋⬜ 按钮同时按下。

（7）"薄曲面修剪"相当于 ⬜ 按钮＋⬜ 按钮＋⬜ 按钮同时按下。

2. 螺旋扫描属性设置

单击"伸出项"后便可以进入螺旋扫描的控制界面，如图 4-129 所示，螺旋扫描有以下 4 个控制属性。

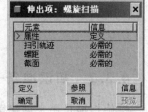

图 4-129　螺旋扫描控制界面

（1）属性：用于改变螺旋扫描的基本属性。

（2）扫引轨迹：用于创建和修改扫引轨迹。

（3）螺距：用于确定螺旋扫描的螺距。

（4）截面：用于创建和修改螺旋扫描的扫描截面。

其中属性中的"常数"和"可变的"是指螺距是否恒定，如图 4-130 所示。

属性中的"穿过轴"选项指在扫出过程中截面方向为扫略点和中心轴构成的平面；而"轨迹法向"指在扫出过程中的截面一直保持与螺旋扫描的轨迹线垂直。

属性中的"左手定则"和"右手定则"是指螺旋扫描的旋转方向，如图 4-131 所示。

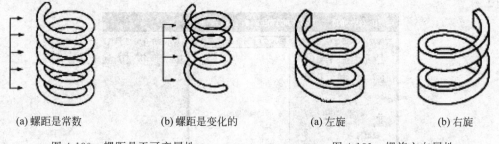

(a) 螺距是常数　　(b) 螺距是变化的　　　(a) 左旋　　　　(b) 右旋

图 4-130　螺距是否可变属性　　　　　图 4-131　螺旋方向属性

3. 螺旋扫描的扫引轨迹

设置好属性后，选择平面草绘扫引轨迹，草图中必须要包含一条旋转轴和一条扫引曲线，扫引曲线可以是直线也可以是曲线，如图 4-132 所示。

4. 螺距的设定

如为固定螺距，只需在 输入节距值 30.0000 ✓✗ 中输入数值即可。

如为可变螺距，需要先输入起始节距和末端节距，系统会弹出一个控制图形（Graph）的窗口，显示的就是根据输入的两个螺距值生成的螺距变化曲线，实际也是螺距控制曲线。图 4-133 所示为起始节距为 30，末端节距为 80。

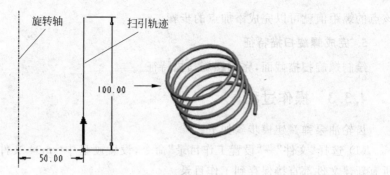

(a) 扫引轨迹为直线

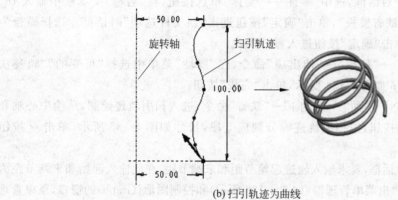

(b) 扫引轨迹为曲线

图 4-132　扫引轨迹

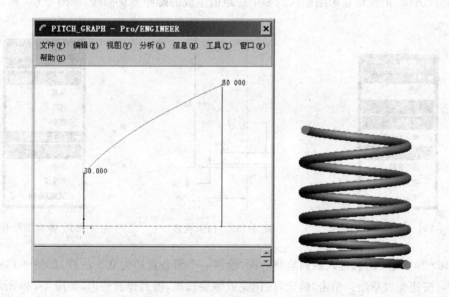

图 4-133　变节距

其他说明如下。

用户可以添加额外的控制点来控制螺距的变化,不过前提条件是扫引轨迹是多段组成的(可以用端点作为控制点)或者手工在扫引轨迹上添加了草绘点。通过选择点和输入该点的螺距值就可以完成添加点的步骤。

5. 完成螺旋扫描特征

绘制螺旋扫描截面,完成螺旋扫描特征。

4.3.3　操作过程

齿轮油泵弹簧建模步骤如下。

(1) 选择"文件"→"设置工作目录"命令,设置硬盘中 xm04 文件夹为工作目录,以后所有新建文件都直接保存到工作目录。

(2) 打开"新建"对话框,选中"零件"→"实体"单选按钮,在"名称"文本框中输入 th。然后取消选中"使用缺省模板",单击"确定"按钮进入"新文件选项"对话框。选择模板为 mmns_part_solid,单击"确定"按钮进入零件模式。

(3) 单击"插入"→"扫描"→"伸出项"命令,在"属性"菜单中选择"可变的""轨迹法向""右手定则"命令;如图 4-134 所示,单击"完成"按钮。

(4) 选择"FRONT 平面"→"正向"→"缺省"命令,进入扫引轨迹绘制,草绘中心轴和扫引轨迹线,单击 按钮,把扫引轨迹线分割成 5 段,尺寸如图 4-135 所示,单击 ✔ 按钮完成草绘。

(5) 系统弹出对话框,要求输入轨迹起始节距和末端节距,在此输入起始和末端节距为 0.5;输入完成后又弹出菜单管理器(如图 4-136 所示)和控制图形(Graph)的窗口,菜单管理器要求添加控制点,输入新的节距,分别单击选择 1、2、3、4 点并输入节距为 0.5、3、3、0.5,控制图形(Graph)的窗口显示刚输入的多个螺距值生成的螺距变化曲线,如图 4-137 所示。

图 4-134　弹簧属性设置

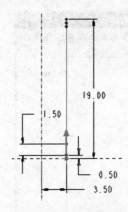

图 4-135　扫引轨迹

图 4-136　弹簧菜单管理器

(6) 单击 ✔ 按钮,进入截面绘制界面,绘制一个圆心直径为 0.5 的圆,如图 4-138 所示,单击 ✔ 按钮完成草绘。单击"确定"按钮完成螺旋扫描,得到弹簧外形,如图 4-139 所示。

(7) 拉伸切除弹簧两端超出部分,得到两端平面。单击"拉伸工具"按钮 ,选择两侧的深度选项为"穿透"以及"去除材料"选项,选择 FRONT 平面草绘,草绘如图 4-140 所示,单击 ✔ 按钮完成草绘,在选择好材料去除方向后,单击 ✔ 按钮完成建模,弹簧模型如图 4-141 所示。

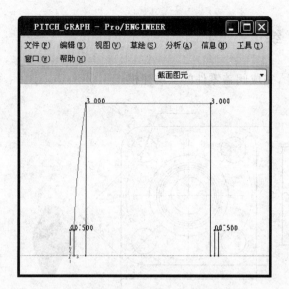

图 4-137 控制图形(Graph)的窗口

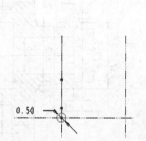

图 4-138 弹簧截面绘制

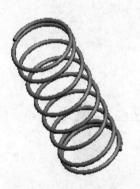

图 4-139 弹簧外形

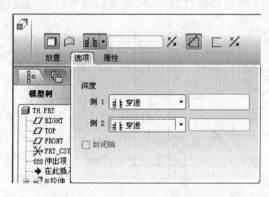

图 4-140 切除超出两端的平面

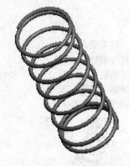

图 4-141 弹簧模型

弹簧的三维造型操作参考.mp4(9.23MB)

练　习

1. 按图 4-142 所示的形状和尺寸,完成阀盖零件的三维建模。

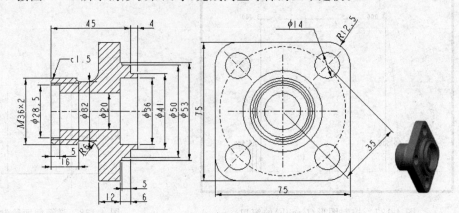

图 4-142　阀盖零件

2. 按图 4-143 所示的形状和尺寸,完成缸体零件的三维建模。

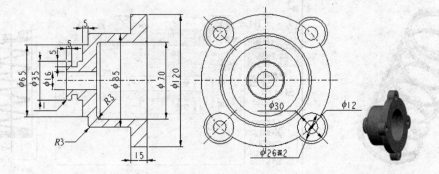

图 4-143　缸体零件

3. 按图 4-144 所示的形状和尺寸,完成弹簧零件的三维建模。

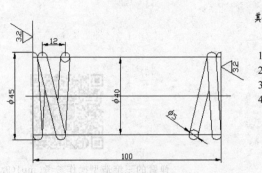

技术要求:
1. 有效圈数: n=7.5。
2. 总圈数: n_1=10。
3. 旋向: 右旋。
4. 展开长度: L=1256。

图 4-144　弹簧零件

零件参数化建模

知识目标

(1) 熟悉参数化零件建模的基本方法。

(2) 掌握零件参数关系的创建方法。

(3) 掌握零件族表的创建方法。

能力目标

通过对零件参数化建模基础知识的学习,对齿轮油泵齿轮和轴承的参数化建模训练,学生应具备使用软件进行零件参数化建模的能力。

本项目的任务

学会参数化零件造型的方法,所谓参数化造型就是将模型的尺寸与用户定义的参数建立起联系,这样用户通过修改少数几个参数(一般是模型的主参数)就可以快速得到不同的实例。齿轮是机械中最常用的传动元件之一,齿轮的主要尺寸具有严格的等式关系,故采用参数化造型可以保证外形尺寸的准确性,而且只需修改模数、齿数等少数几个参数就能得到不同的齿轮模型。本项目以齿轮和轴承为载体,学习运用 Pro/E 软件进行参数化三维建模的方法。

主要学习内容

(1) 零件的参数化三维造型方法。

(2) 零件参数关系的创建方法。

(3) 利用族表实现产品系列化的方法。

任务 5.1　从动齿轮参数化建模

按图 5-1 所示的形状和尺寸,完成齿轮油泵从动齿轮的三维建模。

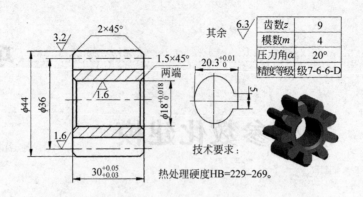

齿数z	9
模数m	4
压力角α	20°
精度等级	级7-6-6-D

图 5-1　齿轮油泵从动齿轮

5.1.1　任务解析

直圆柱齿轮是一种非常常见的机械零件,标准的渐开线直齿圆柱齿轮外形尺寸如图 5-2 所示,主参数不同可以形成大量不同的型号。主参数包括模数(m)、齿数(Z)、压力角(α)、齿宽(B)等。由机械设计基础可知,齿轮的基本外形尺寸与主参数的关系如下。

（1）分度圆直径

$$d = m \times Z \tag{5-1}$$

（2）齿顶高

$$h_a = h_{ax} \times m \tag{5-2}$$

式中,h_{ax}为齿顶高系数,正常齿 $h_{ax}=1$。

（3）齿顶圆直径

$$d_a = d + 2h_a \tag{5-3}$$

（4）齿顶隙

$$c = c_x \times m \tag{5-4}$$

式中,c_x为顶隙系数,正常齿 $c_x=0.25$。齿顶隙示意图如图 5-3 所示。

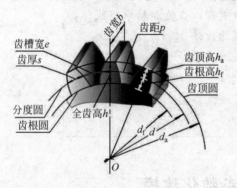

图 5-2　渐开线直齿圆柱齿轮外形尺寸

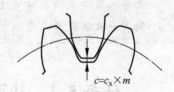

图 5-3　齿顶隙

（5）齿根高

$$h_f = h_a + c = (h_{ax} + c_x) \times m \tag{5-5}$$

（6）齿根圆直径

$$d_f = d - 2h_f \qquad (5\text{-}6)$$

利用式(5-1)～式(5-6)及图 5-1 给出的参数，可以得到模型的基本外形尺寸，建模的方法可以是先用拉伸或者旋转造型得到一个圆柱体，再用拉伸去除材料切出一个齿槽，然后用圆周阵列的方式完成轮齿的造型。

使用拉伸切除材料时，截面轮廓由两段渐开线加上齿根圆的一段圆弧构成（齿根圆直径小于基圆直径时还有过渡曲线），而渐开线符合严格的数学公式，手绘是难以得到的，所以需要用公式来产生曲线。

笛卡儿坐标系下渐开线的参数方程如下。

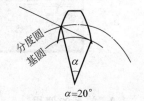

$$x = \frac{D_b}{2}(\cos\theta + \theta\cos\theta) \qquad (5\text{-}7)$$

$$y = \frac{D_b}{2}(\sin\theta - \theta\cos\theta) \qquad (5\text{-}8)$$

$$z = 0 \qquad (5\text{-}9)$$

图 5-4　基圆与分度圆的关系

式中，$\dfrac{D_b}{2}$ 是基圆半径，如图 5-4 所示。

$$D_b = d \times \cos\alpha \qquad (5\text{-}10)$$

5.1.2　知识准备——关系与参数

1. 用户自定义参数

Pro/E 文件中的模型包含了许多系统参数，比如材料参数（包括杨氏模量 PTC_YOUNG_MODULUS、泊松系数 PTC_POISSON_RATIO、密度 PTC_MASS_DENSITY 等），用户可以对它们进行赋值，它们的值将与模型共同保存在文件中，以供后续处理、分析、计算或查阅等。

但是，用户通常希望附加一些自己需要的信息，比如零件的中文描述、零件的造价等，这时就需要使用用户参数。增加用户参数的方法是单击菜单中的"工具"→"参数"命令（见图 5-5），系统将会弹出如图 5-6 所示的窗口。

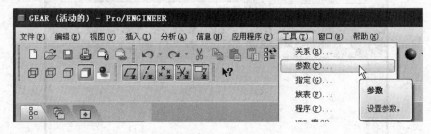

图 5-5　管理用户参数

一般会有两个模板自动增加的用户参数：DESCRIPTION 和 MODELED_BY，可以记录零件的描述和设计人员。用户可以自己增加如图 5-6 所示的 COST（制造成本）之类的参数，并选择相应的类型（成本为实数型）和赋值（图 5-6 中为 COST=120）。

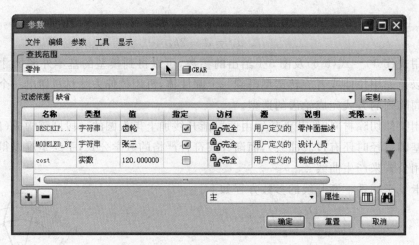

图 5-6　"参数"管理窗口

2. 关系的使用

通过前面所述的方法用户可以将一些信息附加在模型上一起保存,但如果要使用户参数与模型尺寸建立联系还要用到"关系",即建立起用户参数与模型尺寸参数之间的关系。方法是单击菜单中的"工具"→"关系"命令(见图 5-7),系统将会弹出如图 5-8 所示的"关系"窗口。

图 5-7　管理关系

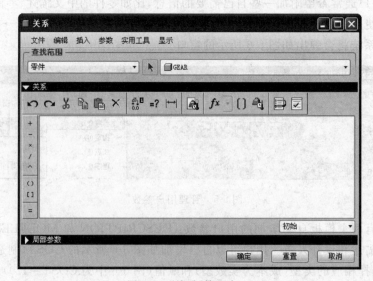

图 5-8　"关系"管理窗口

用户可以在管理窗口内建立、编辑和校验关系。

实例 5-1：参数关系的创建过程。

（1）新建一个实体零件，拉伸造型出一个任意直径和高度的圆柱体，如图 5-9 所示。

（2）增加两个用户参数 D（表示直径）和 H（表示高度），分别赋值为 400 和 100，如图 5-10 所示。

（3）增加用户参数与尺寸参数的关系。

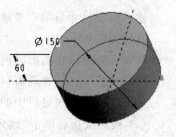

图 5-9 简单圆柱体

首先打开"关系"管理窗口，然后单击选择拉伸特征，则该特征的所有尺寸将显示出来，可以看到在图 5-11 中直径尺寸是的 $d1$，高度尺寸是 $d0$，这个尺寸参数的编号是系统给定的，要想确认各尺寸对应的参数编号（或者叫尺寸名称）可以单击"关系"管理窗口内的 按钮，以切换尺寸值和名称。

图 5-10 增加直径和高度参数

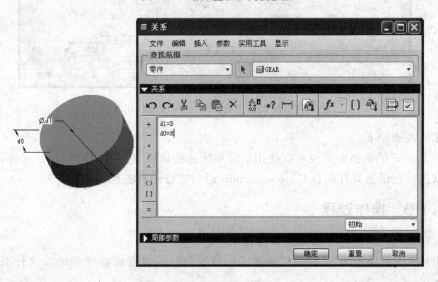

图 5-11 增加关系

输入模型尺寸与用户参数之间的关系：$d0=H,d1=D$。

其他说明如下。

在输入时可以在图形区内单击尺寸，则相应尺寸名称会加入关系等式中。

可以单击"关系"管理窗口下方的局部参数，显示所有用户参数。

单击"关系"管理窗口中的 ☑ 按钮，可以校验关系式。

（4）校验成功后单击"确定"按钮关闭"关系"管理窗口，然后在主窗口上单击 ▨ 按钮，再生模型，这时模型相应的尺寸会发生改变，直径变成400，高度变成100。

（5）在完成以上操作后，模型中的那两个尺寸已经不能像以前那样修改，否则系统会提示"×××中的尺寸由关系×××驱动"。如果需要修改尺寸，只需再次打开"参数"窗口，修改对应值，然后再生模型即可。

（6）如果要保证圆柱体高度是直径的两倍关系，可将关系更改为以下形式。

$$H = 0.20 * D \tag{5-11}$$

$$d0 = H \tag{5-12}$$

$$d1 = D \tag{5-13}$$

再次打开"参数"窗口时会发现参数 H 的值以灰色显示（如图5-12所示），不能手动修改了，用户可以更改 D 的值，再生模型后，H 的值由关系驱动变为 D 的1/5。

图5-12　H 的值不能输入，访问变成锁定状态

其他说明如下。

在 Pro/E 的关系中不仅可以使用加减乘除这些运算，还可以使用 sin、cos 等函数，而且可以进行逻辑运算并配合 if...else...endif 语句进行运算流程控制。

5.1.3　操作过程

齿轮油泵从动齿轮参数化建模过程如下。

（1）单击菜单中的"文件"→"设置工作目录"命令，设置硬盘中 xm 05 文件夹为工作目录。

（2）选择"文件"→"新建"命令，新建名称为 chilun.prt 的实体文件，取消选中"使用缺省模板"复选框，选用 mmns_part_solid 模板，单击"确定"按钮，进入实体建模界面。

（3）单击菜单中的"工具"→"参数"命令，打开"参数"窗口，设置参数如图 5-13 所示。

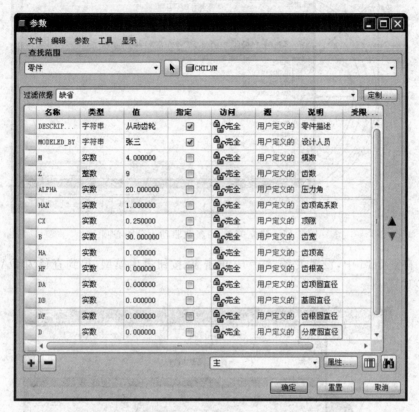

图 5-13 齿轮参数设置

（4）单击"草绘工具"按钮 ，选择草图平面为 FRONT，草绘方向参照为 RIGHT，右，以坐标原点为中心，绘制 4 个任意直径的同心圆，单击 按钮完成绘制，如图 5-14 所示。

（5）单击菜单中的"工具"→"关系"命令，打开"关系"管理窗口，单击上一步骤生成的草绘，则 4 个圆的直径尺寸分别显示为 $d0$、$d1$、$d2$、$d3$（可能会有不同，根据实际的尺寸名称操作），增加关系如图 5-15 所示。

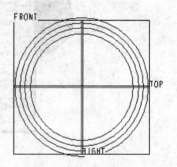

图 5-14 草绘 4 个同心圆

（6）单击"拉伸工具"按钮 ，选择草图平面时，单击"使用先前的"以使用与前面建立的 4 个同心圆相同的平面（即 FRONT 基准面）。单击 按钮通过边创建图元，选取齿顶圆，单击 按钮完成草图，然后使用深度选项为"盲孔"，任意设置拉伸深度值为 20.00 ，单击 按钮得到一个直径为 DA，厚度为 20 的齿轮坯。

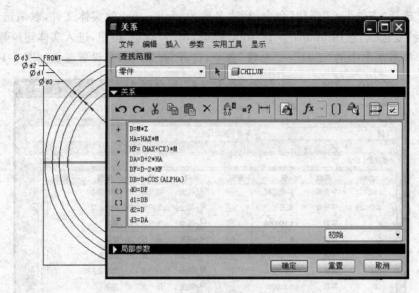

图 5-15　建立关系,由参数驱动 4 个同心圆

(7) 在图 5-16 中,设置关系 $d4=B$,单击 按钮再生模型,得到直径为 DA,厚度为 B 的齿轮坯。

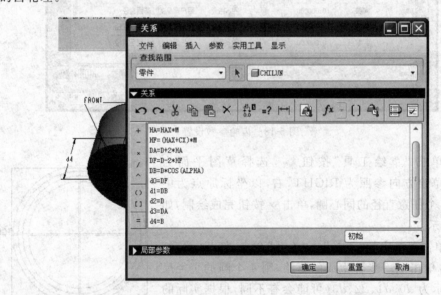

图 5-16　齿厚关系设置

(8) 单击"倒角工具"按钮 ,选取轮坯上左右两条边,输入 45 x D D 2.00 ,得到模型如图 5-17 所示。

(9) 生成渐开线。单击"基准曲线"按钮 ,在"菜单管理器"中的"曲线选项"中选择"从方程"命令,如图 5-18 所示,单击"完成"按钮。然后选择系统默认的坐标系,并在"坐标系类型"中选择"笛卡儿坐标系",如图 5-19 所示。

接下来在打开的记事本中输入渐开线的参数方程,如图 5-20 所示。

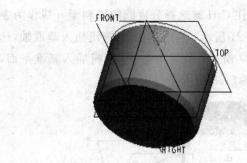

图 5-17 齿轮坯

图 5-18 通过方程创建曲线

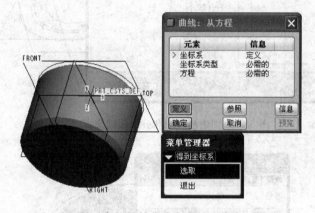

图 5-19 选择曲线方程的坐标系

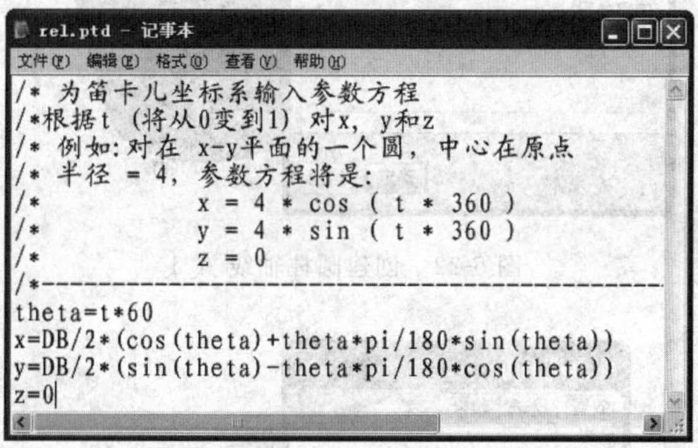

```
rel.ptd - 记事本
文件(F) 编辑(E) 格式(O) 查看(V) 帮助(H)
/* 为笛卡儿坐标系输入参数方程
/*根据t(将从0变到1)对x,y和z
/* 例如:对在 x-y平面的一个圆,中心在原点
/* 半径 = 4,参数方程将是:
/*           x = 4 * cos ( t * 360 )
/*           y = 4 * sin ( t * 360 )
/*           z = 0
/*------------------------------------------
theta=t*60
x=DB/2*(cos(theta)+theta*pi/180*sin(theta))
y=DB/2*(sin(theta)-theta*pi/180*cos(theta))
z=0
```

图 5-20 渐开线参数方程

其中参数 t 从 0 变化到 1,由 t 乘以一个常数得到角度 theta 的变化范围,该常数的取值使得渐开线能够超出齿顶圆即可,DB 是前面关系驱动的基圆直径,theta * pi/180 将角度换算为弧度。

输入完成后,保存修改并关闭记事本,单击"确定"按钮,完成曲线创建。

(10)镜像得到齿槽另一侧的渐开线。从齿轮的基本知识可知,在分度圆上齿宽与齿槽厚相等,即齿槽厚等于分度圆周长除以两倍齿数。那么分度圆与相邻两条渐开线的交点之间对应的角度是 $\theta = 360/(2 \times Z)$ 度,由此可知,通过镜像得到另一条渐开线可以按以下步骤实现：单击 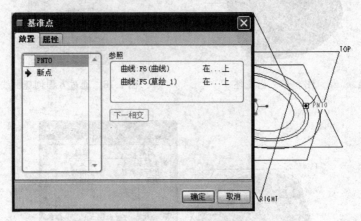 按钮插入基准点,然后按住 Ctrl 键选择分度圆曲线和渐开线作为参照,得到分度圆和渐开线的交点 PNT0,如图 5-21 所示;然后单击 / 按钮插入基准轴,选择圆柱面作为参照,得到中心轴 A_1,如图 5-22 所示;最后单击 ▱ 按钮插入基准平面,选择 A_1 和 PNT0,得到基准平面 DTM1,如图 5-23 所示。

图 5-21　创建渐开线和分度圆的交点 PNT0

图 5-22　创建圆柱轴线 A_1

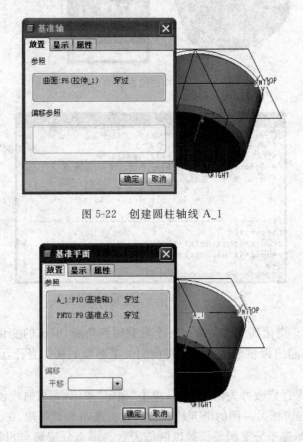

图 5-23　创建过 PNT0 和中心轴 A_1 的基准平面 DTM1

完成后再次单击 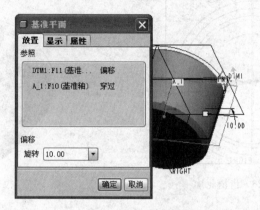按钮插入基准平面,选择 A_1 和 DTM1 作为参照,得到穿过中心轴 A_1 绕着基准平面 DTM1 旋转 10° 的基准平面 DTM2,如图 5-24 所示。

图 5-24　创建 DTM2

要使 DTM2 为对称平面,必须保证 DTM2 与 DTM1 之间的夹角为 $\theta/2$,即 $360/(4\times Z)$,所以需要如图 5-25 所示增加关系,然后单击 按钮,再生模型。

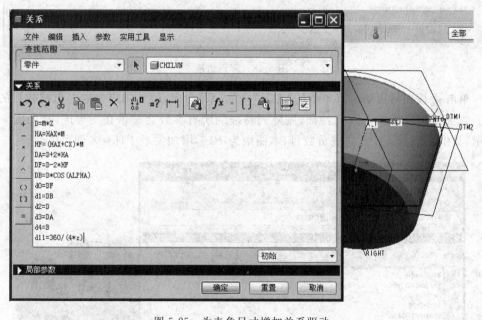

图 5-25　为夹角尺寸增加关系驱动

选中渐开线,单击"镜像工具"按钮 ,选择 DTM2 作为镜像平面,得到齿槽另一侧的渐开线。

(11)拉伸切除出一个齿槽。单击"拉伸工具"按钮 ,并选择深度选项为"拉伸至下一曲面"以及"去除材料"选项 ,放置草绘时选择 FRONT 为草图平面,草绘方向参照为 RIGHT,右。利用两条渐开线和齿根圆创建轮廓曲线,并增加两条渐开线的切线交于齿根圆,如图 5-26 所示,剪除多余的线段后完成草绘。单击 按钮,拉伸切除出一个齿槽,如图 5-27 所示。

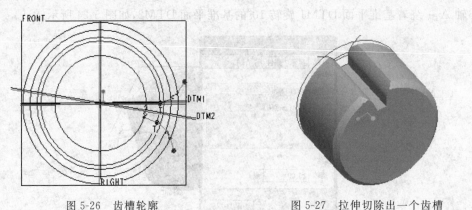

图 5-26　齿槽轮廓　　　　　　　　　　图 5-27　拉伸切除出一个齿槽

(12) 对齿槽进行圆周阵列。选中前一拉伸特征,单击 ▦ 按钮进行阵列,选择阵列方式为"轴阵列",以齿轮中心轴为阵列中心,第一方向成员数目为 9,阵列角度范围为 360°,如图 5-28 所示。

图 5-28　阵列齿槽

单击 ✔ 按钮后再单击菜单中的"工具"→"关系"命令,增加用户参数对齿槽数目的驱动。方法是用鼠标选取阵列特征,则阵列特征的所有参数会显示在图形区内,如图 5-29 所示,其中一个是第一方向成员数目,本图中为 $P16$,增加关系 $P16=Z$ 即可。

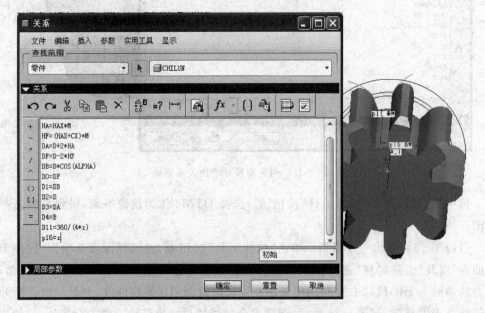

图 5-29　由关系驱动阵列成员数目

（13）根据图 5-1 所示齿轮零件图中尺寸，应用拉伸建模方法切出齿轮中心孔和键槽，完成齿轮中心孔倒角的创建，完成结果如图 5-30 所示，保存文件。

图 5-30　从动齿轮完成图　　　　从动齿轮参数化建模操作参考.mp4(37.4MB)

任务 5.2　系列轴承零件族表的创建

按图 5-31 所示的轴承模型，完成系列轴承的族表创建，尺寸参数见表 5-1。

图 5-31　轴承模型

表 5-1　轴承参数表

轴承代号	外径	内径	宽度
6200	30	10	9
6201	32	12	10
6202	35	15	11
6203	40	17	12
6204	47	20	14

5.2.1　任务解析

图 5-31 所示为轴承模型。该零件包含轴承外圈、内圈和滚动体 3 部分。该零件可以在 GDZC 零件中增加关系和族表，从而产生一系列新的轴承，该方法为标准件的设计提供了便利，极大提高了设计效率。

5.2.2　知识准备——族表

多个零件具有部分共同特征，可以用同一零件来造型共同特征部分，其他零件从其上继承，从而产生一个零件家族，称为零件族表。

1. 族表产生方法

产生零件族表的方法如图 5-32 所示，单击菜单中的"工具"→"族表"命令，则打开"族表 SCREW"窗口，如图 5-33 所示，可以通过该窗口上的工具栏来管理行和列，每一列代表一个族项目，可以是尺寸、参数、特征等，每一行代表一个特定的实例。

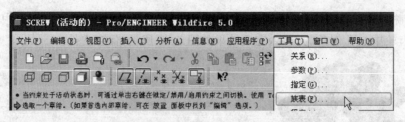

图 5-32　族表菜单

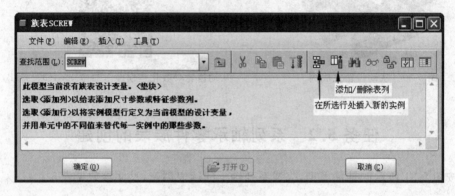

图 5-33　"族表 SCREW"窗口

2. 族表应用示例

图 5-34 所示的各螺钉外形很相似,但各螺钉的直径和长度不一样,而且头部有一字形的,也有十字形的,还有内六角的,可以利用族表来产生螺钉零件家族。

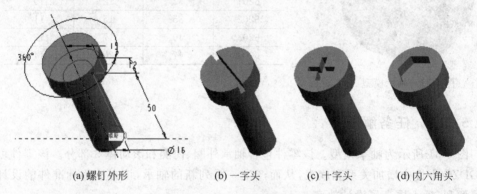

(a) 螺钉外形　　　　(b) 一字头　　　　(c) 十字头　　　　(d) 内六角头

图 5-34　螺钉外形与头部变化

(1) 新建一个实体零件,用旋转造型出螺钉的基本外形,如图 5-34(a)所示。

(2) 用拉伸切除做出一字头外形,为了便于记忆和查找,将该拉伸切除特征命名为"一字头",如图 5-35 所示。

(3) 再用拉伸切除在头部做出十字头特征,为了便于记忆和查找,将该拉伸切除特征命

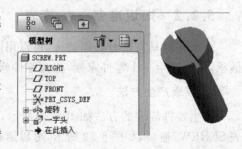

图 5-35　增加一字头特征

名为"十字头",如图 5-36 所示。

（4）再用拉伸切除在头部做出内六角头特征，为了便于记忆和查找，将该拉伸切除特征命名为"内六角"，如图 5-37 所示。

图 5-36 增加十字头特征

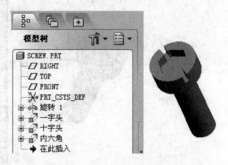

图 5-37 增加内六角特征

（5）单击菜单中的"工具"→"族表"命令，在弹出的"族表 SCREW"窗口中单击 按钮添加表列，打开如图 5-38 所示的窗口，在窗口下方的"添加项目"类型中选中"尺寸"单选按钮，然后单击模型的第一个旋转特征，则其特征尺寸会显示出来，单击螺钉的长度和直径尺寸，本例中为 $d6$ 和 $d19$，它们会加入项目中。之后再把窗口下方的"添加项目"类型改为"特征"，单击"一字头""十字头""内六角"这些特征后也会被加入到项目中，如图 5-39 所示，单击"确定"按钮完成族项目的添加。

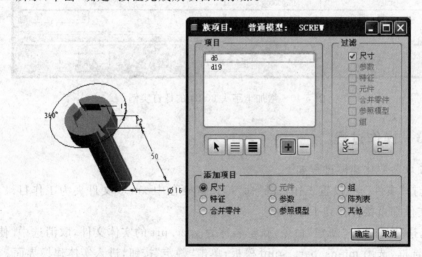

图 5-38 增加尺寸类型的族项目

其他说明如下。

选择特征的时候可以直接在图形窗口中单击特征名称，也可以在模型树中选择相应节点。

（6）在"族表 SCREW"窗口中单击 按钮添加行，即添加实例，如果需要一个长度为80，直径为 24 的十字头螺钉，可以按照如图 5-40 所示设置实例行的各族表项目，并把实例名取为 SCREW_INST80-24，单击"打开"按钮即可得到需要的实例。

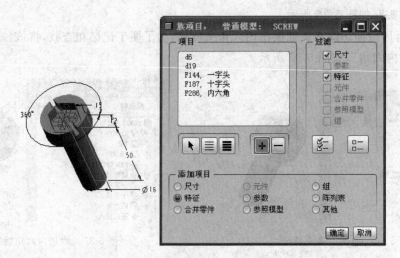

图 5-39　增加特征类型的族项目

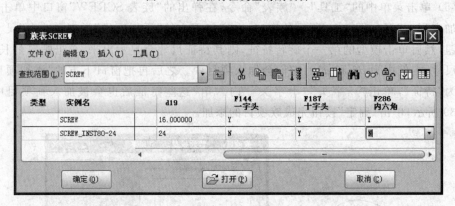

图 5-40　增加十字头 80-24 的螺钉实例

5.2.3　操作过程

滚动轴承参数化建模过程如下。

(1) 选择"文件"→"设置工作目录"命令,设置硬盘中 xm05 文件夹为工作目录,以后所有新建文件都直接保存到工作目录。

(2) 选择"文件"→"新建"命令,新建名称为 gdzc.prt 的实体文件,取消选中"使用缺省模板"复选框,选用 mmns_part_solid 模板,单击"确定"按钮,进入实体建模界面。

(3) 单击"旋转工具"按钮 ∞,选择草图平面为 FRONT,草绘方向参照为 RIGHT,右,绘制轴承内外圈截面如图 5-41 所示,单击 ✔ 按钮,在操作面板中设置旋转角度值为360°,单击 ✔ 按钮,完成轴承内外圈实体建模,如图 5-42 所示。

注意:绘制截面时,约束轴承内外圈厚度相等(L_1),左右线段长度相等(L_2),标注内外圈直径。

(4) 单击菜单中的"工具"→"关系"命令,系统弹出"关系"窗口,在图形窗口中单击模型显示模型尺寸代号,按模型代号在"关系"窗口中输入关系式,如图 5-43 所示。

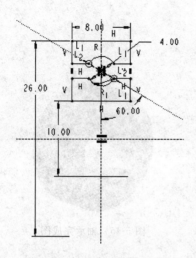

图 5-41 轴承内外圈截面草图

图 5-42 轴承内外圈实体

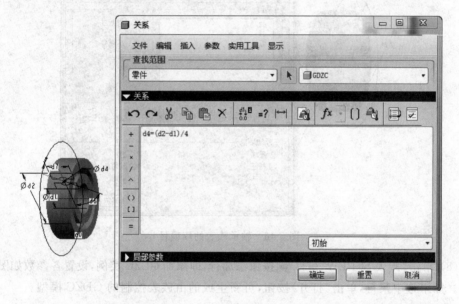

图 5-43 轴承关系式建立

（5）单击"旋转工具"按钮 ⟋，选择"使用先前的"草图平面，绘制滚动体截面如图 5-44 所示，单击 ✔ 按钮，在操作面板中设置旋转角度值为 360°，单击 ☑ 按钮，完成滚动体实体建模。

（6）阵列生成全部滚动体。选中滚动体模型，单击阵列工具，弹出"阵列"操作面板，设置阵列类型为"轴阵列"，阵列数量为 10，阵列角度为 36°，轴承完成图如图 5-45 所示。

（7）单击菜单中的"工具"→"族表"命令，系统弹出"族表 SCREW"窗口，单击窗口中 ▥ 按钮添加表列，在绘图区单击模型显示模型尺寸，由于滚动轴承内径、外径和宽度会变化，所以单击选中滚动轴承模型内径、外径和宽度，增加的族表项目如图 5-46 所示，单击"确定"按钮完成族项目的添加。

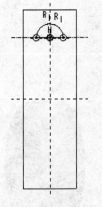

图 5-44   滚动体建模

图 5-45   轴承完成图

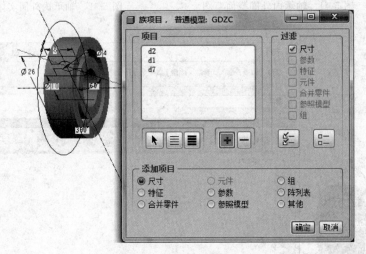

图 5-46   轴承族表的族项目

（8）单击"族表 SCREW"窗口 ![按钮] 按钮添加行，即添加 GDZC 实例，设置各参数如图 5-47 所示。如果选中某行，单击"打开"按钮，可新生成的由族表控制的 GDZC 模型。

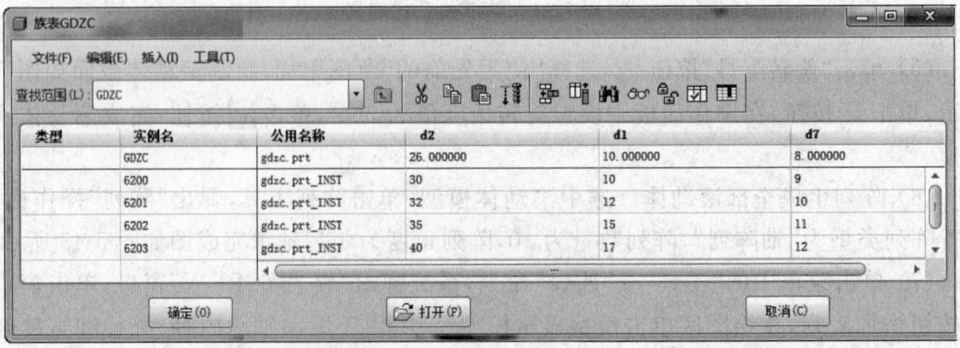

类型	实例名	公用名称	d2	d1	d7
	GDZC	gdzc.prt	26.000000	10.000000	8.000000
	6200	gdzc.prt_INST	30	10	9
	6201	gdzc.prt_INST	32	12	10
	6202	gdzc.prt_INST	35	15	11
	6203	gdzc.prt_INST	40	17	12

图 5-47   增加轴承实例

（9）测试零件族表。单击"校验族的实例"按钮 团 ，单击"族树"对话框中的"校验"按钮，可检验族表是否创建成功，如图 5-48 所示。

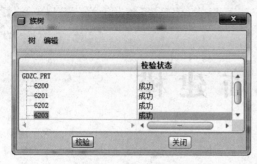

图 5-48　测试零件族表　　　　　　　　　系列轴承零件族表的创建操作参考.mp4(18.8MB)

练　习

1. 按图 5-49 所示的齿轮尺寸，完成齿轮零件参数化建模。

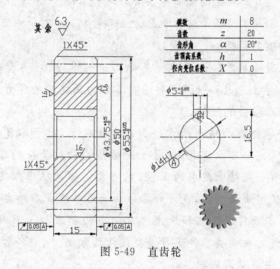

图 5-49　直齿轮

2. 按图 5-50 所示的螺栓零件尺寸，完成 M6、M8、M10、M12、M14 系列螺栓零件族表的创建。

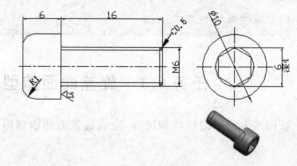

图 5-50　螺栓

曲面建模

> **知识目标**
>
> (1) 掌握拉伸、旋转、扫描和混合等基本曲面建模方法。
>
> (2) 掌握边界混合曲面建模的基本方法。
>
> (3) 掌握曲面编辑方法和技巧。
>
> (4) 掌握曲面实体化的方法和技巧。
>
> **能力目标**
>
> 通过对零件曲面建模基础知识的学习,对典型曲面零件的建模训练,学生应具备使用软件进行零件曲面建模的能力。
>
> **本项目的任务**
>
> 学会曲面造型的方法。通常情况下,对于不复杂的零件用实体特征就完全可以完成,但对于一些结构相对复杂的零件,尤其是表面形状有一定特殊要求的零件,完全靠实体特征难以完成,在这种情况下可使用曲面功能,设计好零件曲面后转换成零件实体。
>
> 本项目以旋盖和风扇叶片两个曲面零件为载体,学习运用 Pro/E 软件对曲面类零件进行造型设计的方法。
>
> **主要学习内容**
>
> (1) 基本曲面的创建方法。
>
> (2) 高级曲面的创建方法。
>
> (3) 曲面的编辑方法。

任务 6.1　旋盖曲面造型

按图 6-1 所示的形状和尺寸,完成旋盖的曲面建模。

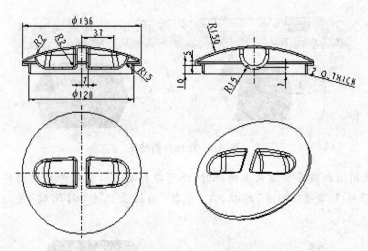

图 6-1　旋盖

6.1.1　任务解析

本任务以旋盖为载体,学习 Pro/E 软件曲面造型界面的操作和应用,学习旋转曲面特征、边界混合曲面特征及曲面实体化建模方法和技巧。

旋盖曲面建模步骤如图 6-2 所示。

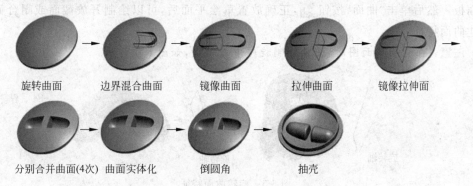

旋转曲面　　　边界混合曲面　　　镜像曲面　　　拉伸曲面　　　镜像拉伸面

分别合并曲面(4次)　曲面实体化　　　倒圆角　　　抽壳

图 6-2　旋盖曲面建模过程

6.1.2　知识准备——基本曲面和边界混合特征

1. 基本曲面设计

基本曲面设计的方式与对应的基础实体特征相似,即使用相同的方法既可以创建实体特征,也可以创建曲面特征。这一类曲面特征包括拉伸曲面、旋转曲面、扫描曲面、混合曲面等。

（1）创建拉伸曲面特征。在特征工具栏中单击"拉伸"按钮 ⬚ 后,打开"拉伸设计"操作面板,然后单击"曲面"按钮 ⬚ 创建曲面特征。用户既可以使用开放截面来创建曲面特征,也可以使用闭合截面,如图 6-3 所示。

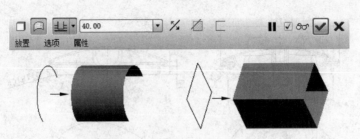

图 6-3   拉伸曲面特征

提示：采用闭合截面创建曲面特征时，还可以指定是否创建两端封闭的曲面特征，方法是在操作面板上单击"选项"按钮，在"参数"面板上选中"封闭端"复选框，如图 6-4 所示。

图 6-4   两端封闭的曲面特征

（2）创建旋转曲面特征。在特征工具栏中单击"旋转"按钮 ✦✦ 后，打开"旋转设计"操作面板。然后单击"曲面"按钮 ▱，正确放置草绘平面后，可以绘制开放截面或闭合截面创建曲面特征。

注意：在绘制截面图时，必须绘制旋转中心轴线，如图 6-5 所示。

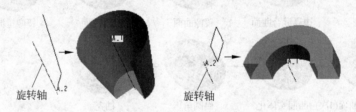

图 6-5   旋转曲面特征

（3）创建扫描曲面特征。选择菜单命令"插入"→"扫描"→"曲面"，可以创建扫描曲面，设计过程主要包括设置扫描轨迹线和草绘截面图两个基本步骤。在创建扫描曲面特征时，系统会弹出"属性"菜单来确定曲面创建完成后端面是否闭合。如果设置属性为"开放端"，则曲面的两端面开放不封闭；如果属性为"封闭端"，则两端面封闭，如图 6-6 所示。

图 6-6   扫描曲面特征

（4）创建混合曲面特征。混合曲面特征的属性除了"开放端"和"封闭端"外，还有"直的"和"光滑"两种属性，主要用于设置各截面之间是否光滑过渡，如图 6-7 所示。

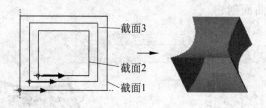

图 6-7　混合曲面特征

2. 高级曲面设计

Pro/E 还提供了一些相对高级的曲面创建工具，这些工具充分利用边界曲线的优势，使创建复杂曲面的过程变得更简单。

（1）边界混合曲面

边界混合曲面是指利用曲线作为骨架，在上面蒙皮得到的曲面，是生成曲面的一种非常灵活的方式。创建边界混合曲面是单击菜单命令"插入"→"边界混合"或在特征工具栏中单击　按钮，打开"边界混合特征"操作面板。

① 通过在一个方向混合曲线来创建曲面。

单击　按钮，打开"边界混合特征"操作面板，在"曲线"上滑面板中单击第一方向参照收集器，如图 6-8(a)所示，按住 Ctrl 键，依次选取曲线 1、2、3。未选中"闭合混合"复选框，得到曲面如图 6-8(b)所示；选中"闭合混合"复选框，得到曲面如图 6-8(c)所示。

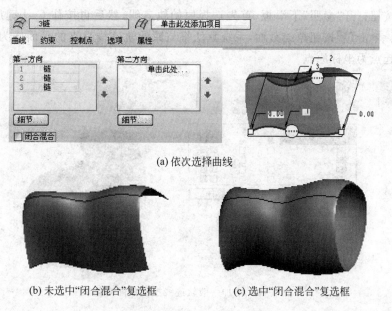

(a) 依次选择曲线

(b) 未选中"闭合混合"复选框　　　　(c) 选中"闭合混合"复选框

图 6-8　一个方向上混合曲面

② 通过在两个方向混合曲线来创建曲面。

单击　按钮，打开"边界混合特征"操作面板，在"曲线"上滑面板中单击第一方向参照收集器,如图 6-9 所示,按住 Ctrl 键,依次选取曲线 1-1、1-2、1-3,然后单击第二方向参照收集器,选取第二方向曲线,按住 Ctrl 键,依次选取曲线 2-1、2-2、2-3,在设置边界约束、控制点和选项后完成曲面创建。

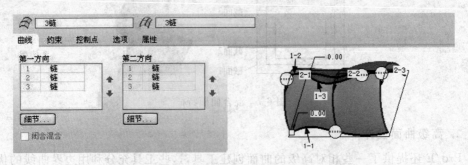

图 6-9　两个方向上混合曲面

对于在两个方向上定义的混合曲面来说,其外部边界必须形成一个封闭的环,这意味着外部边界必须相交。若边界不终止于相交点,Pro/E 将自动修剪这些边界,并使用有关部分。

(2)可变剖面扫描曲面

"可变剖面扫描"指的是可以控制截面尺寸和方向在沿轨迹扫描的过程中有所变化而得到较为复杂的形状。

创建"可变剖面扫描"可以单击 按钮,或选择菜单命令"插入"→"可变剖面扫描"。

图 6-10 给出了一个示例,先草绘 5 条曲线,然后单击 按钮,在特征操作面板中单击"参照"按钮打开"参照"下滑板,首先选择原始轨迹线,然后再按住 Ctrl 键加选 4 条一般轨迹线。单击 按钮草绘截面,系统默认将与原始轨迹线垂直的平面作为草绘平面,而以轨迹起点为坐标原点。

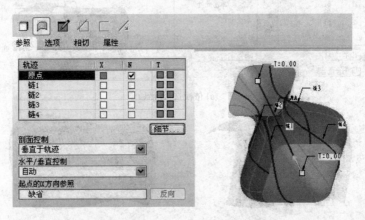

图 6-10　增加一般轨迹线控制截面变化

原始轨迹线是用于确定截面草绘位置的,一般轨迹线用于在扫描过程中改变截面形状。草绘截面时应将截面图元与一般轨迹线建立尺寸参照关系,本例中通过增加约束的方法让截面中绘制的边经过一般轨迹线,如图 6-11(a)所示。在扫描过程中截面的边一直保持与一般轨迹线重合使形状不断改变,形成变剖面扫描,如图 6-11(b)所示。

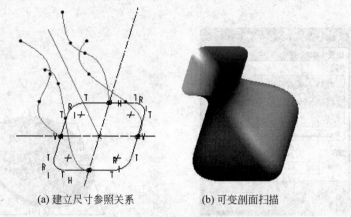

(a) 建立尺寸参照关系   (b) 可变剖面扫描

图 6-11 截面图元应与一般轨迹线有尺寸参照关系

6.1.3 操作过程

旋盖曲面创建过程如下。

(1) 选择"文件"→"设置工作目录"命令,设置硬盘中 xm06 文件夹为工作目录。

(2) 选择"文件"→"新建"命令,新建名称为 xuangai.prt 的实体文件,取消选中"使用缺省模板"复选框,选用 mmns_part_solid 模板,单击"确定"按钮,进入实体建模界面。

(3) 创建旋转实体特征。按照图 6-12 所示绘制旋转截面图,完成后退出绘图环境,旋转曲面如图 6-13 所示。

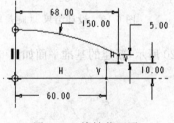
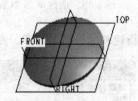

图 6-12 旋转截面图   图 6-13 旋转曲面模型

(4) 创建草绘基准曲线。按照图 6-14 所示绘制曲线草图,随后退出绘图环境。创建的基准曲线如图 6-15 所示。

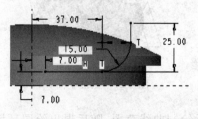
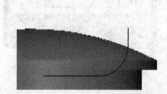

图 6-14 曲线草图 1(旋盖)   图 6-15 最后创建的基准曲线

（5）新建基准平面 DTM1。参数设置如图 6-16 所示，新建的基准平面如图 6-17 所示。

图 6-16　参数设置 1(旋盖)

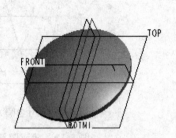

图 6-17　基准平面 DTM1

（6）创建草绘基准曲线。按照图 6-18 所示绘制曲线草图，随后退出绘图环境。结果如图 6-19 所示。

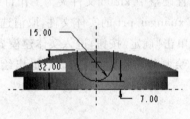

图 6-18　曲线草图 2(旋盖)

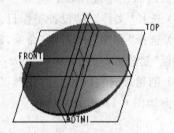

图 6-19　设计结果 1(旋盖)

（7）新建基准平面 DTM2。参数设置如图 6-20 所示，新建的基准平面如图 6-21 所示。

图 6-20　参数设置 2(旋盖)

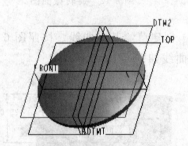

图 6-21　基准平面 DTM2

（8）创建草绘基准曲线。按照图 6-22 所示绘制曲线草图，随后退出绘图环境。结果如图 6-23 所示。

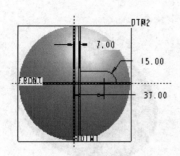

图 6-22　曲线草图 3(旋盖)

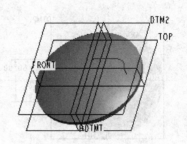

图 6-23　设计结果 2(旋盖)

（9）镜像曲线。选取上一步创建的曲线,选择基准平面 FRONT 作为镜像参照,单击鼠标中键,获得镜像结果,如图 6-24 所示。

（10）创建边界混合曲面。按住 Ctrl 键依次选取如图 6-25 上图所示的 3 条曲线作为第一方向边界曲线,选取如图 6-25 下图所示的 1 条曲线作为第二方向边界曲线,单击鼠标中键完成曲面创建,结果如图 6-26 所示。选取基准平面 RIGHT 作为镜像参照,单击鼠标中键,获得镜像结果,如图 6-27 所示。

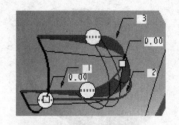

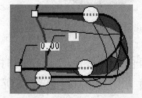

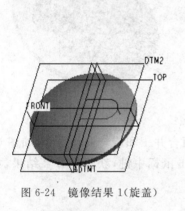

图 6-24　镜像结果 1(旋盖)

图 6-25　选取边界曲线

图 6-26　最后创建的曲面

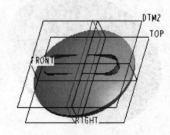

图 6-27　镜像结果 2(旋盖)

（11）创建拉伸平面。选择 DTM 面绘制拉伸截面线,如图 6-28 所示,单击特征工具栏中的 ✔ 按钮,完成截面绘制,在"拉伸"操作面板中设置拉伸距离为 40.00,单击鼠标中键完成拉伸曲面创建,结果如图 6-29 所示。

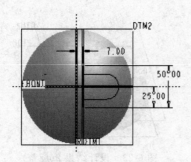

图 6-28　拉伸截面线　　　　　　　　　　　　　图 6-29　拉伸平面

（12）镜像曲面。选取上一步创建的曲面,选择基准平面 RIGHT 作为镜像参照,单击鼠标中键,获得镜像结果,如图 6-30 所示。

（13）曲面合并。按住 Ctrl 键同时选取右侧凹槽曲面和拉伸曲面合并,如图 6-31 所示(注意切换合并方向,图中白色箭头所示)。单击鼠标中键,获得合并 1 结果,如图 6-32 所示。

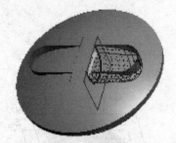

图 6-30　镜像结果 3(旋盖)　　　　　　　　　　图 6-31　曲面合并 1

（14）曲面合并。按住 Ctrl 键同时选取曲面合并 1 和旋转曲面合并,如图 6-33 所示(注意切换合并方向,图中白色箭头所示)。单击鼠标中键,获得合并 2 结果,如图 6-34 所示。

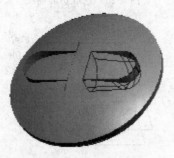

图 6-32　曲面合并 1 结果　　　　　　　　　　　图 6-33　曲面合并 2

（15）曲面合并。按住 Ctrl 键同时选取左侧凹槽曲面和拉伸曲面合并,如图 6-35 所示(注意切换合并方向,图中白色箭头所示)。单击鼠标中键,获得合并 3 结果,如图 6-36 所示。

图 6-34　曲面合并 2 结果

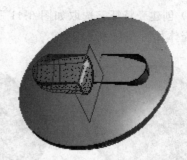

图 6-35　曲面合并 3

（16）曲面合并。按住 Ctrl 键同时选取左侧凹槽曲面和拉伸曲面合并，如图 6-37 所示（注意切换合并方向，图中白色箭头所示）。单击鼠标中键，获得合并 4 结果，如图 6-38 所示。

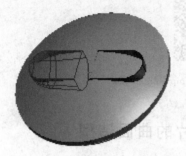

图 6-36　曲面合并 3 结果

图 6-37　曲面合并 4

（17）曲面实体化操作。在模型树中选中合并 4，单击菜单栏中的"编辑"→"实体化"命令，系统弹出"实体化"操作面板，单击鼠标中键完成实体化操作，即把图 6-36 所示的曲面模型转化为实体模型。

（18）隐藏曲线。在模型树中选中所有曲线，右击弹出快捷菜单，在快捷菜单中单击"隐藏"按钮，完成曲线隐藏。

（19）创建倒圆角特征。按住 Ctrl 键并依次选取如图 6-39 所示的边线作为圆角参照，设置圆角半径为 2，完成倒圆角特征 1 创建。同理完成倒圆角特征 2 的创建，如图 6-40 所示。

图 6-38　曲面合并 4 结果

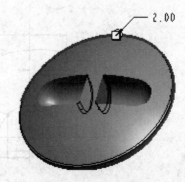

图 6-39　倒圆角 1（旋盖）

（20）创建壳特征。选取如图 6-41 所示的平面为移除的表面。单击鼠标中键，最后创建的壳体如图 6-42 所示。

图 6-40　倒圆角 2(旋盖)　　　　图 6-41　选取移除的表面　　　　图 6-42　最后创建的壳特征

旋盖曲面造型操作参考.mp4(26.9MB)

任务 6.2　风扇叶片的曲面造型

按图 6-43 所示的形状和尺寸,完成风扇叶片曲面建模。

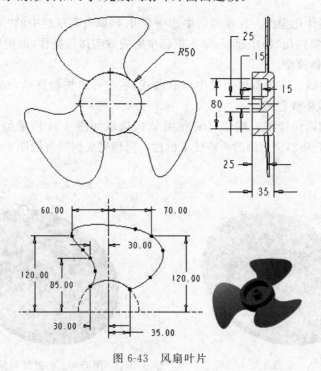

图 6-43　风扇叶片

6.2.1 任务解析

本任务以风扇叶片零件为载体,学习 Pro/E 软件曲面造型界面的操作和应用,学习曲面造型及编辑方法。

风扇叶片曲面建模步骤如图 6-44 所示。

旋转实体　拉伸曲面　拉伸曲面　偏移曲面　合并曲面　实体化　阵列扇叶　倒圆角
　　　　　　　　　　　　　　　　　　　(2次)

图 6-44　风扇叶片曲面建模步骤

6.2.2 知识准备——曲面编辑

1. 填充曲面

填充曲面是在一个平面的封闭区域内生成平面型曲面的方法;操作过程选择"编辑"→"填充"命令,打开如图 6-45 所示的操作面板。

图 6-45　填充特征操作板

选择草绘封闭区域后,单击☑按钮即可得到填充曲面。

2. 合并曲面

合并曲面的功能是将相交或相邻的两个曲面合并产生一个单独的面组。合并操作中两个曲面会互为边界在相交的位置裁剪对方,形成公共的边。

曲面合并操作方法是先按住 Ctrl 键选择好需要合并的两个曲面,然后选择"编辑"→"合并"命令或单击工具栏中 ▱ 按钮,打开如图 6-46 所示的操作面板。

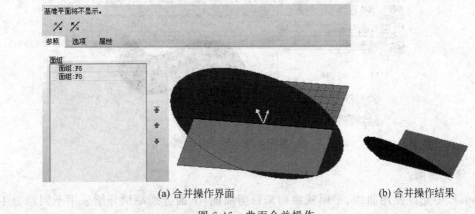

(a) 合并操作界面　　　　　　　　　　　　(b) 合并操作结果

图 6-46　曲面合并操作

图 6-46 中白色箭头指向为曲面合并后保留的部分,用户在操作界面中单击 按钮,切换白色箭头方向决定合并后保留曲面哪部分,当然也可以直接在图形中单击白色箭头切换方向。

3. 曲面偏移

曲面偏移是将一个现有曲面偏移一定距离而产生一个新曲面,操作方法是先选中一个曲面,然后单击"编辑"→"偏移"命令,打开"偏移"操作面板,如图 6-47 所示,输入偏移距离,选定偏移方向即可得到新的偏移曲面。

图 6-47　曲面偏移

从图 6-47 中可以看出,通过偏移可以创建如下 4 种偏移特征类型。

![icon] 标准偏移特征:偏移一个面组、曲面或实体面。

![icon] 具有拔模特征:偏移包括在草绘内部的面组或曲面区域中,有拔模特征的曲面。还可使用此选项来创建直的或相切侧曲面轮廓。

![icon] 展开特征:在封闭面组或实体草绘的选定面之间创建一个连续体积块,当使用"草绘区域"选项时,将在开放面组或实体曲面的选定面之间创建连续的体积块。

![icon] 替换曲面特征:用面组或基准平面替换实体面。

而"创建侧曲面"是用于确定是否在原曲面与新曲面之间加入侧面,加入侧曲面的示例如图 6-48 所示。

图 6-48　偏移时加入侧曲面示例

4. 修剪曲面

Pro/E 中允许使用曲线、平面或曲面来修剪曲面,下面分别举例介绍采用不同修剪工具修剪曲面的方法。

（1）用曲线修剪

选中需要被修剪的曲面，选择"编辑"→"修剪"命令或单击工具栏中的 <kbd>🔲</kbd> 按钮，打开
"修剪"操作面板，如图 6-49 所示。

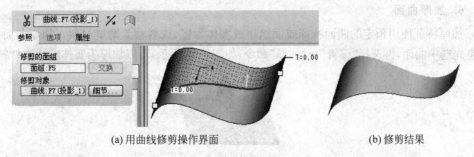

(a) 用曲线修剪操作界面　　　　　　(b) 修剪结果

图 6-49　用曲线修剪曲面

在"参照"上滑板中修剪的面组已选择为预选的曲面，如要更改可以另选曲面或面组；
修剪对象选择为曲面上的曲线，此时系统将以黄色箭头指示修剪后要保留的部分，可单击
<kbd>📐</kbd> 按钮，或直接表单击黄色箭头切换方向。

单击 <kbd>📐</kbd> 按钮可以切换到两个方向都有黄色箭头的状态，表示只是把曲面分割成了两
部分，两个部分都保留。

（2）用平面修剪

选中须修剪的曲面，再选用修剪工具，在修剪对象中选取平面，切换保留部分，即可得
到修剪结果。

（3）用曲面修剪曲面

同上操作，先选中需要被修剪的曲面，再选用修剪工具，在修剪对象中选取用于作为
修剪工具的曲面。

相比而言，用曲面修剪曲面有更多的选项，单击"选项"按钮，在打开的"选项"上滑板
中，"保留修剪曲面"选项是用于确定在修剪后是否保留用作修剪工具的曲面；而"薄修剪"
的含义为将工具曲面偏移一段距离，修剪曲面时只剪掉工具曲面与偏移曲面之间的部分。

5. 曲面延伸

要对曲面进行延伸操作，首先选中曲面的一条边界曲线，再选择"编辑"→"延伸"命
令，那么可以在该边界上延伸曲面，如图 6-50 所示。

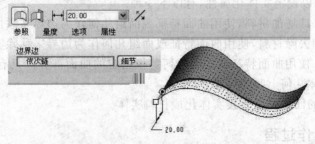

图 6-50　曲面的延伸

曲面的延伸有以下两种方式。

(1) 沿曲面：沿原始曲面延伸曲面边界边链。

(2) 到平面：在与指定平面垂直的方向延伸边界边链至指定平面。

6. 加厚曲面

加厚特征使用预定的曲面特征或面组生成实体薄壁，或者移除薄壁材料。加厚曲面的方法是先选中曲面，再选择"编辑"→"加厚"命令，如图 6-51 所示，可以加厚为实体或切除材料。

(a) 曲面

(b) 曲面加厚

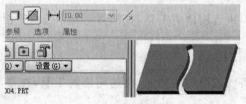

(c) 曲面加厚切减

图 6-51　加厚曲面

7. 曲面实体化

使用实体化工具，可将指定的曲面或面组转化为实体。在设计中，利用实体化工具可以在原有的模型中添加实体材料、删除实体材料或者替换实体材料。

将曲面实体化的操作方法是先选中曲面，然后单击"编辑"→"实体化"命令，在"实体化"操作面板中可以设定实体化属性，有以下 3 种。

(1) 伸出项：即增加材料，使用曲面特征或面组几何作为边界来添加实体材料。

(2) 切口：即去除材料，使用曲面特征或面组几何作为边界来移除实体材料。

(3) 曲面片：使用曲面特征或面组几何替换指定的曲面部分。只有当选定的曲面或面组边界位于实体几何上时才可用。

一个全封闭的面组可以直接实体化成材料实体。

6.2.3　操作过程

风扇叶片的建模过程如下。

（1）选择"文件"→"设置工作目录"命令，设置硬盘中 xm06 文件夹为工作目录。

（2）选择"文件"→"新建"命令，新建名称为 fsyp. prt 的实体文件，取消选中"使用缺省模板"复选框，选用 mmns_part_solid 模板，单击"确定"按钮，进入实体建模界面。

（3）创建旋转实体特征。选取 FRONT 基准平面为草绘平面，在草绘平面中绘制如图 6-52 所示的旋转中心轴和旋转剖面图。设置旋转角度为 360°，最后生成如图 6-53 所示的旋转实体模型。

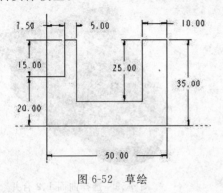

图 6-52 草绘

图 6-53 旋转实体

（4）创建风扇叶片纵向拉伸曲面。选取 TOP 基准平面为草绘平面，绘制如图 6-54 所示的剖面图。选中"封闭端"复选框，设置特征深度为 35，生成如图 6-55 所示的曲面。

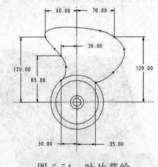

图 6-54 叶片草绘

图 6-55 拉伸曲面叶片

（5）创建风扇叶片横向拉伸曲面。选取 FRONT 基准平面为草绘平面，进入草绘模式，绘制如图 6-56 所示的草绘曲线。单击"反向"按钮确定曲面生成方向，输入曲面深度值为 150，最后生成如图 6-57 所示的曲面。

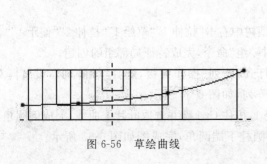

图 6-56 草绘曲线

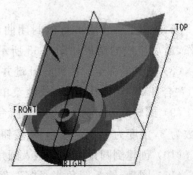

图 6-57 叶片曲面

（6）选中叶片，单击"编辑"→"偏移"命令，输入距离"3"，单击☑按钮确定，生成偏移曲面，如图 6-58 所示。

（7）合并曲面并实体化。

① 按住 Ctrl 键并依次选取如图 6-59 所示的曲面 1 和曲面 2，然后单击"编辑"→"合并"命令，合并曲面。单击"反向"按钮确定合并曲面要保留的方向，合并后的曲面如图 6-60 所示。

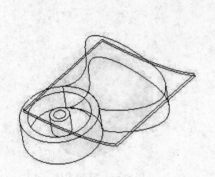

图 6-58　偏移叶片曲面

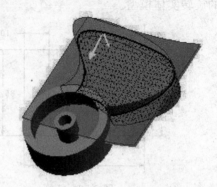

图 6-59　选择曲面 1、2 合并

② 按住 Ctrl 键并依次选取上步合并曲面 1 和曲面 3，如图 6-61 所示，然后单击"编辑"→"合并"命令，合并曲面。单击"反向"按钮确定合并曲面要保留的方向，合并后的曲面如图 6-62 所示。

图 6-60　合并后的曲面 1

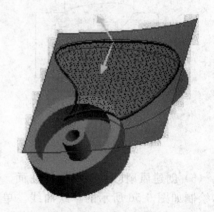

图 6-61　选择合并曲面 1 和曲面 3 合并

③ 选取上一步合并好的封闭曲面 2，单击"编辑"→"实体化"命令对曲面进行实体化操作，最后生成的结果如图 6-63 所示。

（8）创建局部组。按住 Ctrl 键并在模型树中右击"拉伸 1""草绘 1""拉伸 2""偏距 1""合并 1""合并 2""实体化 1"，在快捷菜单中选择"组"命令，完成特征局部组的创建。

（9）旋转阵列叶片。选择"组"命令，打开"阵列"操作面板，选择"轴阵列"，设置阵列个数为 3，角度为 120°。单击☑按钮完成阵列，如图 6-64 所示。

（10）创建倒圆角特征。输入圆角半径 1，按住 Ctrl 键并选取叶片上曲线，完成倒圆角。

（11）同理，输入圆角半径"5"，倒中间圆柱下端圆角，完成图如图 6-65 所示。

图 6-62 合并后的曲面 2

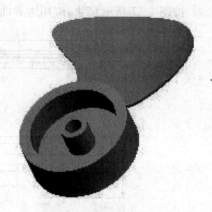

图 6-63 实体化后的叶片

图 6-64 阵列叶片

图 6-65 风扇叶片完成图

风扇叶片的曲面造型操作参考.mp4

练 习

1. 按图 6-66 所示尺寸，应用曲面建模方法创建水槽零件并加厚实体化。

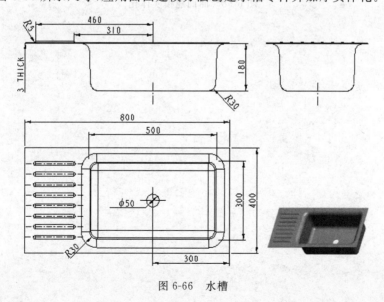

图 6-66 水槽

2. 按图 6-67 所示尺寸,应用边界曲面建模方法创建零件并加厚曲面。

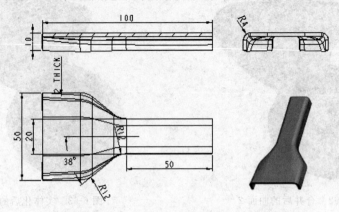

图 6-67 边界曲面

3. 按图 6-68 所示尺寸,应用曲面建模方法创建零件并实体化。

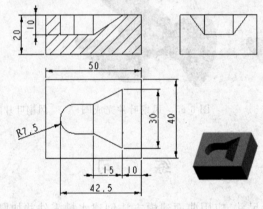

图 6-68 曲面建模实体化

机 械 装 配

任务 7.1　链节的装配

按给定的链节零件模型,完成链节的装配,装配图如图 7-1 所示。

7.1.1　任务解析

机械零件经过组合装配形成部件,部件和零件的装配形成机器,机械

图 7-1 链节装配

零件只有组合起来才能发挥应有的作用。Pro/E 提供了装配工具,通过定义零件间的约束可以实现零部件的放置。

本任务以链节为载体,学习 Pro/E 软件机械装配设计界面的操作和应用,学习装配体元件的添加和放置方法。

7.1.2 知识准备——机械装配

在 Pro/E 中,系统对应于现实环境的装配情况,定义了许多装配约束如匹配、插入等。因此,在进行零件装配时就必须定义零件之间的装配约束,系统根据用户定义的约束自动进行零件装配。因此,在 Pro/E 中零件的装配过程就是定义零件模型之间装配约束的过程。

1. 机械装配的步骤

(1) 启动 Pro/E,单击菜单命令"文件"→"新建"或单击 按钮,系统显示"新建"对话框。在"类型"选项组选中"组件"单选按钮,在"子类型"选项组选中"设计"单选按钮,输入装配体文件的名称,取消选中"使用缺省模板"复选框,单击"确定"按钮。

(2) 弹出"新文件选项"对话框。在模板中选择 mmns_asm_design,单击"确定"按钮,进入零件装配模式。

(3) 单击主菜单命令"插入"→"元件"→"装配",或在工具栏中单击"装配"按钮 ,此时系统弹出"打开"对话框,选择需要装配的零件打开。

(4) 在弹出的如图 7-2 所示的"元件放置"操作面板中,单击"放置"按钮,弹出如图 7-3 所示的"放置"下滑面板,在"约束类型"选项框中通常选择"缺省"。单击 按钮,完成机架的装配。

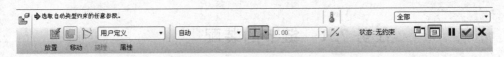

图 7-2 "元件放置"操作面板

(5) 若需要再添加零件,则继续单击"装配"按钮 ,选择图 7-4 中的约束类型之一,然后在模型中选择相应面、线、点进行约束,最后完成零件的装配。

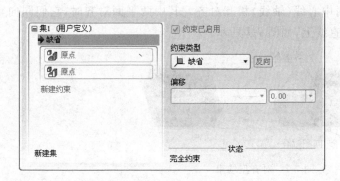

图 7-3 "放置"下滑面板　　　　　　　　　　图 7-4 "约束类型"下拉列表

2. 装配约束类型

装配约束类型共有 11 种,分别为"匹配""对齐""插入""坐标系""相切""线上点""曲面上的点""曲面上的边""固定""缺省"以及"自动"等。

单击"放置"按钮,弹出"放置"下滑面板。在"约束类型"选项框中单击"约束类型"栏右边的 ▼ 按钮,系统弹出如图 7-4 所示的下拉列表,用户从下拉列表中可以选取合适的约束类型。

下面介绍几种常用的装配约束类型。

(1) 自动。默认约束条件,只需选择要定义约束的参考图元,系统就会自动选择适当的约束条件进行装配。

(2) 匹配。用于两平面相贴合,并且这两平面呈反向,如图 7-5 所示。操作方法很简单,选取该装配约束后,接着选取两平面即可。

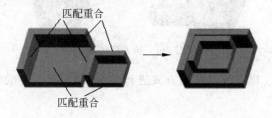

图 7-5 匹配型约束

(3) 匹配偏距。若要求两平面呈相反贴合并且偏移一定距离时,可以直接在"偏距"栏中输入偏移距离值,如图 7-6 所示。

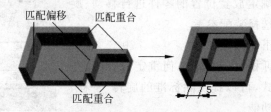

图 7-6 匹配(偏距)型约束

（4）对齐。用于两平面或两中心线（轴线）相互对齐。其中两平面对齐时，它们同向对齐；两中心线对齐时，在同一直线上，如图7-7所示。

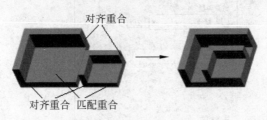

对齐重合

对齐重合　匹配重合

图7-7　对齐型约束

（5）对齐偏距。若要求两平面对齐并且偏移一定距离时，可以直接在"偏距"栏中输入偏移距离值，如图7-8所示。

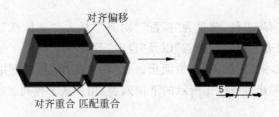

对齐偏移

对齐重合　匹配重合

图7-8　对齐（偏距）型约束

（6）插入型约束。用于轴与孔之间的装配。该装配约束可以使轴与孔的中心线对齐，共处于同一直线上。选取该装配约束后，分别选取轴与孔即可，如图7-9所示。

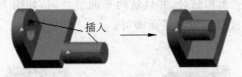

插入

图7-9　插入型约束

（7）缺省型约束。以系统默认的方式进行装配，即装配零件的默认坐标系与装配模型的默认坐标系对齐。

3. 调整元件位置

在如图7-2所示的"元件放置"操作面板中，单击"移动"按钮，弹出如图7-10所示的"移动"下滑面板，在"运动类型"选项框中选择适当类型，可以调整还没有完全确定放置位置的零件进行移动、旋转，以调节位置，方便选择装配参考。

运动类型共有以下4种。

（1）定向模式。可相对于特定几何重定向视图，并可更改视图重定向样式，可以提供除标准的旋转、平移、缩放之外的更多查看功能。

（2）平移。根据所选的运动参照移动零件或装

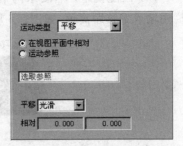

图7-10　"移动"下滑面板

配件。

（3）旋转。沿所选的运动参照旋转零件或装配件。

（4）调整。根据所选的运动参照，定义要移动的零件或装配件与已有装配件相配合或对齐。

选择运动类型后，相关的平移、旋转及调整都是根据所选的运动参照来进行，运动参照有以下两种，如图 7-10 所示。

（1）在视图平面中相对。以当前视图平面作为运动参照。

（2）运动参照。可以在绘图区选择两个点、轴、边、曲线、平面、平面的法向及坐标系的某一轴作为移动参照。

4. 生成爆炸图

装配模型生成后，用户可创建装配模型的爆炸图，此功能常用作制作产品结构说明书。

（1）默认爆炸图。要生成装配模型的爆炸图，可单击主菜单命令"视图"→"分解"→"分解视图"，此时当前工作窗口中的装配模型自动生成爆炸图。图 7-11 所示是一个生成模型的爆炸图实例。

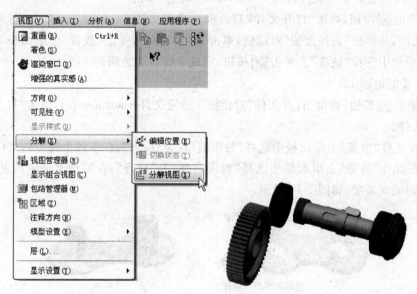

(a)"分解视图"菜单　　　　　　　　(b) 系统默认分解图形

图 7-11　分解视图菜单和系统默认分解图形

（2）自定义爆炸图。如果用户要自定义爆炸图形，可单击主菜单命令"视图"→"分解"→"编辑位置"，如图 7-11 所示，弹出"编辑位置"对话框，如图 7-12 所示。在该对话框中设置运动类型，选定运动参照后，单击选定图形，图形上显示零件移动的方向线，然后用鼠标左键按住移动的方向线拖动零件，则零件跟着移动。重复上述步骤，便可得到用户自定义爆炸图形，如图 7-13 所示。

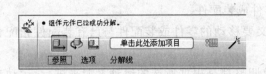

图 7-12　"编辑位置"对话框　　　　　图 7-13　自定义爆炸图 1(链节)

7.1.3　操作过程

链节的装配过程如下。

(1) 选择"文件"→"设置工作目录"命令,设置硬盘中 xm07 文件夹中的 lianjie 文件夹为工作目录,以后所有新建文件都直接保存到工作目录。

(2) 装配下链板。

① 单击 [image] 按钮,弹出"新建"对话框,在"新建"对话框的"类型"选项组中选中"组件"单选按钮,在"子类型"选项组中选中"设计"单选按钮。

② 输入子装配体的文件名称 lianjie,单击"确定"按钮。

③ 单击 [image] 按钮,弹出"打开文件"对话框。选定文件 lianban.prt,单击"打开"按钮,打开该文件,并弹出"元件放置"对话框,单击"放置"按钮,弹出"放置"下滑面板,在"约束类型"选项框中选择"缺省"。单击 [image] 按钮,完成下链板的装配。

(3) 装配销轴 1。

① 单击 [image] 按钮,弹出"打开文件"对话框。选定文件 xiaozhou.prt,单击"打开"按钮,打开该文件。

② 在元件"放置"上滑面板中选择"约束类型"为"插入",在零件上选定约束位置。

③ 在元件"放置"上滑面板中选择"约束类型"为"对齐",在零件上选定约束位置,单击 [image] 按钮完成装配,如图 7-14 所示。

图 7-14　装配销轴

(4) 装配销轴 2。销轴 2 装配方法与第 3 步相同,如图 7-14 所示。

(5) 装配套筒 1。

① 单击 [image] 按钮,弹出"打开文件"对话框。选定文件 taoton.prt,单击"打开"按钮,打开该文件。

② 在元件"放置"上滑面板中选择"约束类型"为"插入",在零件上选定约束位置。

③ 在元件"放置"上滑面板中选择"约束类型"为"匹配",在零件上选定约束位置,单击 [image] 按钮完成装配,如图 7-15 所示。

选取内、外圆面 "插入"

选取此两表面 "匹配"

图 7-15 装配套筒

(6) 装配套筒 2。套筒 2 装配方法与第 5 步相同,如图 7-15 所示。

(7) 装配上链板。

① 单击 按钮,弹出"打开文件"对话框。选定文件 lianban.prt,单击"打开"按钮,打开该文件。

② 在元件"放置"上滑面板中选择"约束类型"为"插入",在零件上选定约束位置,如图 7-16 所示零件左侧内外圆柱面。

③ 在元件"放置"上滑面板中选择"约束类型"为"对齐",在零件上选定约束位置。

④ 在元件"放置"上滑面板中选择"约束类型"为"插入",在零件上选定约束位置,如图 7-16 所示零件右侧内外圆柱面,单击 按钮完成装配,如图 7-16 所示。

选取内、外圆面 "插入"

选取销上表面、链板下表面 "对齐"

图 7-16 装配上链板

(8) 生成爆炸图。单击主菜单命令"视图"→"分解"→"编辑位置",弹出"编辑位置"对话框。在该对话框中设置运动类型,选定运动参照后,单击选定图形,图形上显示零件移动的方向线,然后用鼠标左键按住移动的方向线拖动零件,则零件跟着移动。重复上述步骤,便可得到用户自定义爆炸图形,如图 7-17 所示。

图 7-17 自定义爆炸图 2(链节)

链节的装配操作参考.mp4(10.5MB)

任务 7.2   齿轮油泵的装配

按给定的齿轮油泵模型,完成齿轮油泵的装配,油泵装配及爆炸图如图 7-18 所示。

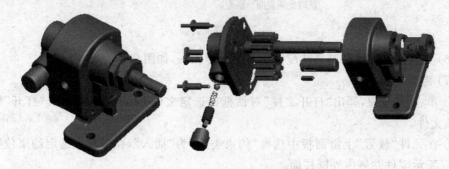

图 7-18   齿轮油泵装配

7.2.1   任务解析

Pro/E 包含的运动分析模块能够对设计模型进行模拟仿真,运动干涉检测,运动轨迹、速度和加速度分析等,使产品无须制造就可以分析它的各项性能。

本任务以齿轮油泵为载体,学习 Pro/E 软件机械装配设计界面的操作和应用,学习装配体元件的添加和放置方法,以及运动模型的建立方法、运动副的设置方法、运动仿真设置的技巧。

7.2.2   知识准备——运动装配

零件组装完成后,除了检查产品结构是否完整外,还需要通过运动仿真分析检查部件之间的相对运动是否协调、有无干涉,还可以进行优化设计。

1. 建立运动模型

在机构进行运动仿真之前,构件之间需要连接。在装配模式中单击 🔲 按钮,选择元件后,可以在"元件放置"操作面板中添加预定义集。

在"预定义集"列表中列出了 12 种连接类型,如图 7-19 所示。

(1)用户定义:创建一个用户定义约束集,用于一般装配体的设计。

(2)刚性:自由度为 0,一般定义机架时需要此连接,刚性连接的零件构成单一主体。

(3)销钉:为 1 个旋转自由度,允许沿指定轴旋转,需要定义一个"轴对齐"和"平移对齐"约束。

(4)滑动杆:为 1 个平移自由度,允许沿轴平移,需要定义一个"轴对齐"和"平面对齐/匹配"约束,以限制构件沿轴线旋转。

(5)圆柱:为 1 个旋转自由度和 1 个平移自由度,允许沿指定

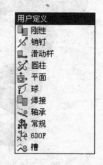

图 7-19   "约束类型"
预定义集

的轴平移并相对于该轴旋转,需要定义一个"轴对齐"约束,也可以用"反向"。

(6) 平面:为1个旋转自由度和2个平移自由度,允许通过平面接头连接的主体在一个平面内相对运动,相对于垂直该平面的轴旋转,需要定义"平面对齐"或"平面偏距"约束。

(7) 球:有3个旋转自由度,但是没有平移自由度。"球杯中的球"接头允许在连接点沿任意方向旋转,需要定义"点与点对齐"约束。

(8) 焊接:自由度为0,将两个零件粘接在一起,需要定义"坐标系"对齐。

(9) 轴承:有3个旋转自由度和1个平移自由度,轴承连接是球接头和滑块接头的组合,允许接头在连接点沿任意方向旋转,沿指定轴平移。

(10) 常规:创建有两个约束的用户定义集。

(11) 6DOF:允许沿3根轴平移同时绕其旋转。

(12) 槽:包含一个"点对齐"约束,允许沿一条非直线轨迹旋转。

2. 运动仿真的设置

运动仿真分析包括建立设置运动副、设置伺服电机、分析定义和回放。

(1) 设置运动副

Pro/E 提供了3种运动副形式:凸轮、槽和齿轮,用于主动件与从动件之间的连接。

① 凸轮是主动件和从动件以曲面或曲线的方式连接的运动副形式。选择"应用程序"→"机构"→"插入"→"凸轮"命令或者单击 按钮,可以在弹出对话框中的"凸轮1"和"凸轮2"选项卡中分别指定凸轮的工作区域,曲面作用方向、分离和摩擦系数等。

② 槽可以实现两个主体之间的点或曲线的约束。

③ 齿轮是现代机械中应用最为广泛的传动机构,它可以用来传递空间任意两轴间的运动和力。在 Pro/E 中可以使用齿轮副控制两个轴之间的速度关系,与凸轮运动副类似,齿轮运动副也通过两个元件进行定义。需要注意的是,两个元件之间不一定要相互接触,这有利于模型的变更。

(2) 设置伺服电机

伺服电动机能够为机构提供驱动,通过伺服电机可以实现旋转和平移运动,并且能以函数的方式定义运动轮廓。

选择"插入"→"伺服电动机"命令或单击 按钮,通过如图 7-20 所示的"伺服电动机定义"对话框新建电动机。选取从动图元能确定伺服电动机所作用的主体,可以选取连接轴,如销钉、滑动杆,也可以选取点或平面,从而使主体产生旋转或平移运动。例如,选择销钉,将产生旋转运动;选取滑动杆,将产生平动。

通过"轮廓"选项卡可以指定伺服电机的位置、速度和加速度随时间变化的规律。

依次单击"确定"按钮,工作区将显示电动机的标志。

(3) 分析定义

单击"分析定义"按钮,在"分析定义"对话框中接受系统默认的"分析类型"和"开始时间",如图 7-21 所示。

图 7-20 伺服电动机设置

图 7-21 "分析定义"对话框

设置运动的"终止时间""帧频",系统将计算帧数和最小间隔时间。

单击"运行"按钮,将运行结果存入结果集,单击"关闭"按钮。

(4)回放

单击"回放以前的分析"按钮,在"回放"对话框中单击 ◀▶ 按钮,在"动画"对话框中单

击 ▶ 按钮,如图 7-22 所示,可看到机构运动情况。

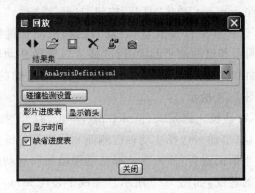 

图 7-22 "回放"对话框

7.2.3 操作过程

齿轮油泵装配过程如下。

1. 从动齿轮子装配

(1)选择"文件"→"设置工作目录"命令,设置硬盘中 xm07 文件夹中的 clyb 文件夹为工作目录,以后所有新建文件都直接保存到工作目录。

(2)单击 ▯ 按钮,弹出"新建"对话框,在"新建"对话框的"类型"选项组中选中"组件"单选按钮,在"子类型"选项组中选中"设计"单选按钮。

(3)子装配体的文件名称 asm0001,单击"确定"按钮。

(4)在"新文件选项"对话框的模板中选择 mmns_asm_design,单击"确定"按钮。

(5)单击 ⬚ 按钮,弹出"打开文件"对话框。选定文件 cdz.prt,单击"打开"按钮,打开该文件,并弹出"元件放置"操作面板,在"约束类型"选项框中选择"匹配"使"TOP 和 ASM_RIGHT"面匹配,选择"匹配"使"FRONT 和 ASM_FRONT"面匹配,选择"匹配"使"RIGHT 和 ASM_TOP"面匹配,单击 ✓ 按钮,完成从动轴的装配,如图 7-23 所示。

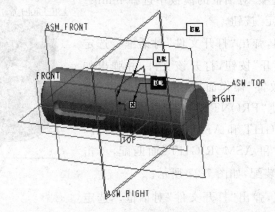

图 7-23 从动轴的装配

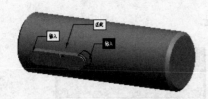

图7-24 键的装配

（6）单击🔲按钮，弹出"打开文件"对话框。选定文件 jian.prt，单击"打开"按钮，打开该文件，"约束类型"选项框中保持默认（自动），选择从动轴键槽两端半圆面和键两端半圆面进行"插入"，选择从动轴键槽底面和键底面"匹配"，单击✔按钮，完成键的装配，如图7-24 所示。

（7）单击🔲按钮，弹出"打开文件"对话框。选定文件 cdcl.prt，单击"打开"按钮，打开该文件，"约束类型"选项框中保持默认（自动），选择从动轴键侧面和从动齿轮键槽侧面"匹配"，选择从动轴半圆面和从动齿轮半圆面进行"插入"，选择从动轴端面和从动齿轮端面"对齐"，单击✔按钮，完成从动齿轮的装配，如图7-25 所示。完成子装配 asm0001，如图7-26 所示。

图7-25 从动齿轮的装配

图7-26 从动齿轮的子装配

2. 泵盖子装配

（1）单击🔲按钮，弹出"新建"对话框，在"新建"对话框的"类型"选项组中选中"组件"单选按钮，在"子类型"选项组中选中"设计"单选按钮。

（2）子装配体的文件名称 asm0002，单击"确定"按钮。

（3）在"新文件选项"对话框的模板中选择 mmns_asm_design，单击"确定"按钮。

（4）单击🔲按钮，弹出"打开文件"对话框。选定文件 bg.prt，单击"打开"按钮，打开该文件，并弹出如图7-2 所示的"元件放置"操作面板，在"约束类型"选项框中选择"匹配"使"FRONT 和 ASM_TOP"面匹配，选择"对齐"使"RIGHT 和 ASM_FRONT"面对齐，选择"匹配"使"TOP 和 ASM_RIGHT"面匹配，单击✔按钮，完成泵盖的装配，如图7-27 所示。

（5）单击🔲按钮，弹出"打开文件"对话框。选定文件 gq.prt，单击"打开"按钮，打开该文件，"约束类型"选项框中保持默认（自动），选择泵盖调节螺钉孔轴

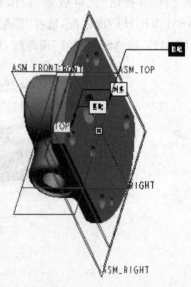

图7-27 泵盖的装配

线和滚球轴线进行"对齐",选择泵盖调节螺钉孔前端面和滚球 TOP 面"匹配偏移",距离为 28.00mm,单击 ✓ 按钮,完成滚球的装配,如图 7-28 所示。

(6) 单击 ![] 按钮,弹出"打开文件"对话框。选定文件 tjld. prt,单击"打开"按钮,打开该文件,"约束类型"选项框中保持默认(自动),选择泵盖调节螺钉孔轴线和调节螺钉孔轴线进行"对齐",选择泵盖调节螺钉孔前端面和调节螺钉孔前端面"对齐偏移",距离为 10.00mm,单击按钮 ✓,完成调节螺钉的装配,如图 7-29 所示。

图 7-28 滚球的装配

图 7-29 调节螺钉的装配

(7) 单击 ![] 按钮,弹出"打开文件"对话框。选定文件 fhlm. prt,单击"打开"按钮,打开该文件,"约束类型"选项框中保持默认(自动),选择泵盖调节螺钉孔轴线和防护螺母轴线进行"对齐",选择泵盖调节螺钉孔前端面和防护螺母后端面"匹配",单击 ✓ 按钮,完成防护螺母的装配,如图 7-30 所示。

(8) 打开弹簧模型,选择"编辑"→"设置"→"挠性"命令,打开"挠性:准备可变项目"对话框和"选取"菜单,在工作区中单击螺旋扫描特征,弹出"选取截面"菜单,单击"指定"→"轮廓"→"完成"命令,选择弹簧的长度尺寸为 19.0000,对话框显示添加尺寸,如图 7-31 所示。选择 RIGHT 和 TOP 平面创建轴线 A1,弹簧挠性设置完成,保存。

图 7-30 防护螺母的装配

图 7-31 弹簧挠性设置

（9）单击  按钮，弹出"打开文件"对话框。选定文件 th. prt，单击"打开"按钮，系统弹出"确认"对话框，如图 7-32 所示。系统提示加入的弹簧是一个预定义的挠性零件，单击"是"按钮。

（10）系统打开定义挠性零件的"TH：可变项目"对话框，在"方式"列表中选择"距离"，如图 7-33 所示。

图 7-32　"确认"对话框　　　图 7-33　"TH：可变项目"对话框

（11）分别选取滚球和调节螺钉上的基准点 PNT0，测量两点间的距离是 18.6779，单击 按钮，如图 7-34 所示。

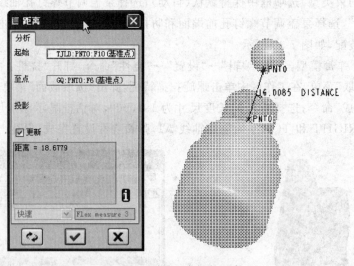

图 7-34　测量两点间的距离

（12）系统会在"新值"尺寸栏内自动获取测量结果，如图 7-35 所示，单击"确定"按钮完成装配。

（13）在"元件放置"操作面板中，选择调节螺钉和弹簧轴线对齐，选择调节螺钉 DTM1 面和弹簧 FRONT 匹配，单击 按钮，完成弹簧的装配，如图 7-36 所示。完成泵盖子装配，如图 7-37 所示。

图 7-35　添加新值　　　　　图 7-36　弹簧的装配

3. 齿轮油泵装配

（1）单击 按钮，弹出"新建"对话框，在"新建"对话框的"类型"选项组中选中"组件"单选按钮，在"子类型"选项组中选中"设计"单选按钮。

（2）输入装配体的文件名称 clyb，单击"确定"按钮。

（3）单击 按钮，弹出"打开文件"对话框。选定文件 clybt.prt，单击"打开"按钮，打开该文件，并弹出如图 7-2 所示的"元件放置"操作面板，在"约束类型"选项框中选择"对齐"使"RIGHT 和 ASM_FRONT"面对齐，选择"匹配"使"FRONT 和 ASM_TOP"面匹配，选择"匹配"使"DTM1 和 ASM_RIGHT"面匹配，单击 按钮，完成泵体的装配，如图 7-38 所示。

图 7-37　泵盖子装配　　　　　图 7-38　齿轮油泵体装配

（4）单击 按钮，弹出"打开文件"对话框。选定文件 clz.prt，单击"打开"按钮，打开该文件。

（5）在"元件放置"操作面板中，选择"约束类型"为"销钉"，选择齿轮轴和泵体孔配合表面进行"轴对齐（插入）"，选择齿轮右侧面和泵体左内侧面"平移（重合匹配）"，单击 按钮完成销钉连接，如图 7-39 所示。

(6) 单击 📂 按钮,弹出"打开文件"对话框。选定文件 asm0001. asm,单击"打开"按钮,打开该文件。

(7) 在"元件放置"操作面板中,选择"约束类型"为"销钉",选择从动齿轮部装图 asm0001 的轴和泵体孔配合表面进行"轴对齐(插入)",选择齿轮右侧面和泵体左内侧面"平移(重合匹配)",单击 ✔ 按钮完成销钉连接,如图 7-40 所示。

图 7-39　泵体和齿轮轴销钉连接　　　　　图 7-40　泵体和从动齿轮轴销钉连接

(8) 单击 📂 按钮,弹出"打开文件"对话框。选定文件 yg. prt,单击"打开"按钮,打开该文件,"约束类型"选项框中保持默认(自动),选择泵体上端孔和压盖配合表面进行"插入",选择泵体上端孔右侧面和压盖左侧面"匹配偏移",距离为 12mm,单击 ✔ 按钮完成压盖的装配,如图 7-41 所示。

(9) 单击 📂 按钮,弹出"打开文件"对话框。选定文件 lm. prt,单击"打开"按钮,打开该文件,"约束类型"选项框中保持默认(自动),选择泵体上端孔轴线和螺母轴线进行"对齐",选择泵体上端孔右侧面和螺母左侧面"匹配",单击 ✔ 按钮完成螺母的装配,如图 7-42 所示。

图 7-41　泵体和压盖的装配　　　　　　图 7-42　泵体和螺母的装配

(10) 单击 📂 按钮,弹出"打开文件"对话框。选定文件 dp. prt,单击"打开"按钮,打开该文件,"约束类型"选项框中保持默认(自动),选择泵体和垫片上对应两个孔轴线分别"对齐",选择泵体侧面和垫侧面"匹配",单击 ✔ 按钮,完成垫片的装配,如图 7-43 所示。

(11) 单击 📂 按钮,弹出"打开文件"对话框。选定文件 bg. prt,单击"打开"按钮,打开该文件,"约束类型"选项框中保持默认(自动),选择泵体和泵盖上对应两个孔轴线分别

"对齐",选择泵体侧面和垫侧面"匹配",单击☑按钮,完成泵盖的装配,如图 7-44 所示。

图 7-43 泵体和垫片的装配

图 7-44 泵体和泵盖的装配

(12) 单击 按钮,弹出"打开文件"对话框。选定文件 xd. prt,单击"打开"按钮,打开该文件,"约束类型"选项框中保持默认(自动),选择泵体销钉孔和销钉配合表面进行"插入",选择泵体侧面和销钉侧面"对齐",单击☑按钮完成销钉的装配。

(13) 同样安装另一销钉,如图 7-45 所示。

(14) 单击 按钮,弹出"打开文件"对话框。选定文件 ld. prt,单击"打开"按钮,打开该文件,"约束类型"选项框中保持默认(自动),选择泵体螺钉孔和螺钉配合表面进行"插入",选择泵体螺钉孔外侧面和螺钉头内侧面"匹配",单击按钮☑完成螺钉的装配,如图 7-46 所示。

图 7-45 两个销钉的装配

图 7-46 螺钉的装配

(15) 其余 3 个螺钉采用方向阵列进行装配,每个方向两个,距离为 60mm,如图 7-47 所示。装配完成图如图 7-48 所示。

图 7-47 螺钉的阵列

图 7-48 装配完成图

4. 生成爆炸图

单击主菜单命令"视图"→"分解"→"编辑位置",弹出"编辑位置"对话框。在该对话框中设置运动类型,选定运动参照后,单击选定图形,图形上显示零件移动的方向线,然后用鼠标左键按住移动的方向线拖动零件,则零件跟着移动。重复上述步骤,便可得到用户自定义爆炸图形,如图 7-49 所示。

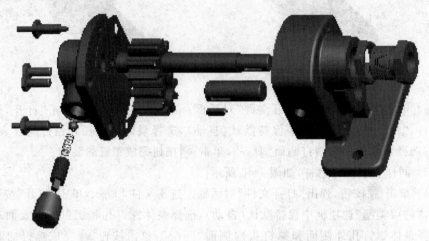

图 7-49　自定义爆炸图 3(齿轮油泵)

5. 运动仿真

(1)选择"应用程序"→"机构"命令,单击 ⌖ 按钮,按图 7-20 所示的"伺服电动机定义"对话框新建电动机。选取齿轮轴上的销钉连接。

(2)在"轮廓"选项卡中定义运动速度为 60。

(3)依次单击"确定"按钮,工作区将显示电动机的标志。

(4)单击"定义分析"按钮,在"定义分析"对话框中接受系统默认的"分析类型"和"开始时间",如图 7-21 所示。

(5)保持运动的"终止时间""帧频"不变,系统将计算帧数和最小间隔时间。

(6)单击"运行"按钮,将运行结果存入结果集,单击"关闭"按钮。

(7)单击"回放以前的分析"按钮,在"回放"对话框中单击 ◀▶ 按钮,在"动画"对话框中单击 ▶ 按钮,如图 7-22 所示,可看到机构运动情况。

齿轮油泵的装配操作参考.mp4(65.3MB)

练 习

1. 按给定的球阀模型完成球阀装配图和爆炸图,如图 7-50 所示。

(a) 球阀装配图   (b) 爆炸图

图 7-50 球阀

2. 按给定的平口钳模型完成平口钳装配图和爆炸图,如图 7-51 所示。

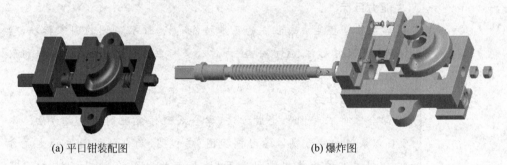

(a) 平口钳装配图   (b) 爆炸图

图 7-51 平口钳

工程图与标注

知识目标

（1）学会使用 Pro/E 自带的模块生成零件的工程图。

（2）学会使用 Pro/E 自带的模块生成装配体的工程图。

能力目标

学生应掌握生成工程图的基本技能，熟悉工程制图的国家标准，学会工程图尺寸标注、尺寸公差、形位公差标注方法，具备生成零件列表的能力。

本项目的任务

学会零件工程图的生成方法，学会装配体装配图的生成方法。本项目以泵体零件为载体学习剖视图、半视图、局部剖视图等的生成方法，以轴类零件为载体学习断面图、局部放大图的生成方法，学习尺寸、尺寸公差、形位公差等标注方法，以齿轮油泵装配体为载体学习装配图的生成方法，零件列表及 BOM 球标的生成方法。

主要学习内容

（1）工程图的配置。

（2）视图的创建方法。

（3）剖视图的创建方法。

（4）半视图、局部视图、局部放大图的创建方法。

（5）剖面线的修改方法。

（6）尺寸、公差的标注方法。

（7）学习工程图中注释、表格、图框与模板的创建方法。

（8）零件列表及 BOM 球标的创建方法。

任务 8.1   齿轮油泵体的工程图

按给定的齿轮油泵泵体模型,完成泵体零件的工程图,工程图如图 8-1 所示。

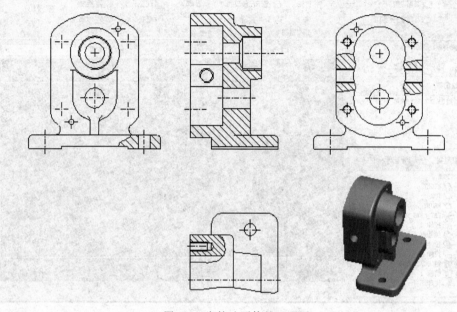

图 8-1   齿轮油泵体的工程图

8.1.1   任务解析

本任务以齿轮油泵体零件为载体,学习 Pro/E 软件工程图创建界面的操作和应用,学习零件工程图的配置方法,视图的创建方法,剖视图的创建方法和技巧。

泵体零件比较复杂,需要剖视图、半视图、局部剖视图等方法来表达工程图。由于齿轮油泵体为箱体类结构,因此将在三视图的基础上采用多种表达方法表达零件。

8.1.2   知识准备——工程图表达

表达复杂零件时使用零件三维模型比较直观。但是在生产中,需要一组二维图形表达一个复杂零件和装配件,即用工程图来指导生产过程。Pro/E 5.0 具有强大的工程图设计功能,在完成零件三维建模后,使用工程图模块可以快捷方便地创建工程图,工程图界面如图 8-2 所示。

1. 新建工程图文件

选择下拉菜单中的“文件”→“新建”命令或单击 ▢ 按钮,系统显示“新建”对话框。可选择下列两种模式之一。

(1)使用默认的工程图制作模板

在“类型”栏选择“绘图”,在“名称”栏中输入图文件名称,“使用缺省模板”栏为选中状态,直接单击“确定”按钮。

图 8-2　工程图界面

（2）不使用默认的工程图制作模板

在"类型"栏中选择"绘图"，在"名称"栏中输入图文件名称，取消选中"使用缺省模板"复选框，单击"确定"按钮。

2. 确定标题栏和图纸的格式

出现"新建绘图"对话框，如图 8-3 所示，可设置如下选项。

（1）指定欲创建工程图的零组件

若内存中有零件，则"缺省模型"栏显示此零组件的文件名，代表欲创建此零件的工程图；若内存中没有零件，则此栏显示"无"。可单击"浏览"按钮选取零件，亦可保留默认的"无"，稍后再指定零件。

（2）使用 Pro/E 的工程图制作模板

在"指定模板"栏中选择默认的"使用模板"（见图 8-3），在"模板"字段中选择图框模板，如 c-drawing，单击"确定"按钮。

（3）不使用 Pro/E 的工程图制作模板，但使用现有的图框

在"指定模板"栏中选择"格式为空"，在"格式"栏中单击"浏览"按钮，即可选择用户自行设置的图框（图框的扩展名为.frm），单击"确定"按钮。

（4）不使用 Pro/E 的工程图制作模板，且使用空白图纸

在"指定模板"栏中选择"空"，以使用空白图纸制作工程图，并在"方向"栏中设置图纸

为"纵向"或"横向",在"大小"栏中设置图纸的大小(A0～A4 或 A～E)。此外,亦可在"方向"栏中设置图纸为"可变",及在"大小"栏中设置图纸中"宽度"及"高度",如图 8-4 所示。

图 8-3 "新建绘图"对话框

图 8-4 使用空白图纸设置

3. 工程视图的表达

在工程图的创建中,可以建立一般视图、投影视图、辅助视图、旋转视图、详细视图、剖截视图、特殊视图等视图。

(1) 创建标准视图

以图 8-5 所示的轴承座零件为例,创建零件三视图。

① 创建一般视图。在绘制工程图界面中,选择"布局"→"模型视图"→"一般"命令,如图 8-6 所示,或在绘图区空白处右击,在弹出的快捷菜单中选择"插入一般视图"命令。此时消息区中提示"选取绘制视图的中心点",在绘图区单击即可确定视图放置位置,系统弹出"绘图视图"对话框,在"模型视图名"列表框中选择 RIGHT 选项,在"类别"中单击"比例"命令,在"定制比例"框中输入 1;在"类别"中单击"视图显示"命令,在"显示样式"框中选择"消隐",如图 8-7 所示。单击"确定"按钮,创建完成一般视图,如图 8-8 所示。

图 8-5 轴承座

② 创建投影视图。在绘制工程图界面中,选择已创建的一般视图为投影的父视图,再选择功能选项卡中的"布局"→"模型视图"→"投影"命令,如图 8-9 所示。在父视图下的适当位置单击,投影创建俯视图,同理创建左视图,如图 8-10 所示。

(2) 创建零件半视图、局部视图和破断视图

以图 8-11 所示的螺母零件三视图为例,创建零件半视图、局部视图和破断视图。

图 8-6　创建一般视图

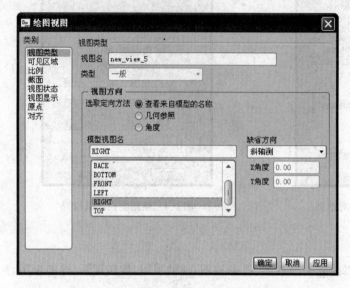

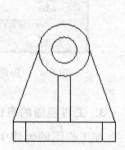

图 8-7　"绘图视图"对话框

图 8-8　一般视图

图 8-9　创建投影视图

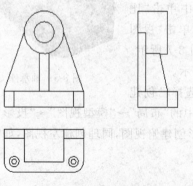

图 8-10　投影视图

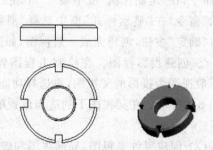

图 8-11　螺母三视图

① 视图的建立。双击图 8-11 中的俯视图,弹出"绘图视图"对话框,如图 8-12 所示,在"可见区域"的"视图可见性"中选择"半视图",并在"半视图参照平面"中选择中间的分割平面,如 FRONT 基准平面,再选择保留侧,最后单击"应用"按钮,则得到如图 8-13 所示的半视图。

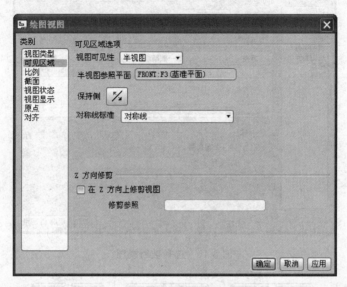

图 8-12 "绘图视图"对话框

② 局部视图的建立。双击图 8-11 中的俯视图,弹出"绘图视图"对话框,在"可见区域"的"视图可见性"中选择"局部视图",在图中单击需要放大的部位,如图 8-14(a)所示。

在选择点的四周用鼠标指针选一个区域,该区域为放大区域,如图 8-14(b)所示。最后单击"应用"按钮,会生成一个局部的放大视图,可以调节该放大视图的位置及放大的比例,如图 8-14(c)所示。

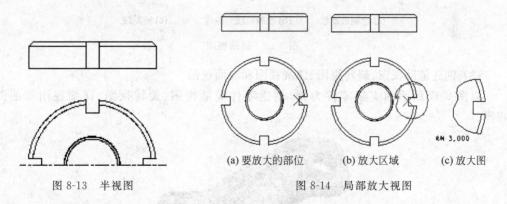

图 8-13 半视图

(a) 要放大的部位　　(b) 放大区域　　(c) 放大图

图 8-14 局部放大视图

③ 破断视图的建立。双击图 8-11 中的俯视图,弹出"绘图视图"对话框,在"可见区域"的"视图可见性"中选择"破断视图",如图 8-15 所示。

在"绘图视图"对话框中单击 ➕ 按钮,则需要在视图中相应位置单击,分别草绘两条破断线,如图 8-16(a)所示,并在"绘图视图"的"方向"框中将"破断线样式"改为"视图轮廓

上的 S 曲线",如图 8-16(b)所示。最后单击"应用"按钮,会生成一个破断视图,如图 8-16(c)
所示。

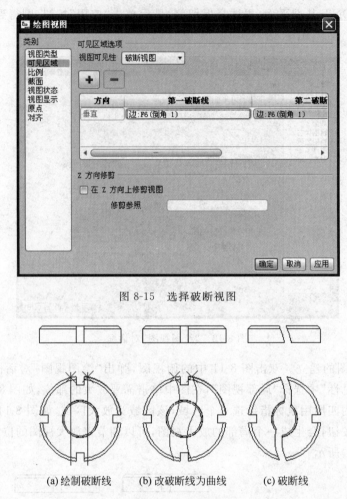

图 8-15　选择破断视图

(a) 绘制破断线　　(b) 改破断线为曲线　　(c) 破断线

图 8-16　破断视图

(3) 创建辅助视图、旋转视图、详细视图和曲面视图

以图 8-17 所示的支架零件为例,创建零件辅助视图、旋转视图、详细视图和曲面
视图。

图 8-17　支架零件示意图

① 辅助视图。在绘制工程图界面中创建一般视图后，选择功能选项卡中的"布局"→"模型视图"→"辅助"命令，如图 8-18 所示。

图 8-18 选择"辅助"命令

此时消息区中提示"选取轴线基准平面作为投影方向"，选取指定边为参考边，在一般视图的左下方选取适当位置放置视图，如图 8-19 所示。

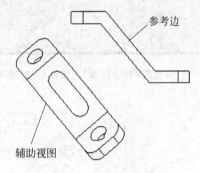

图 8-19 创建辅助视图

② 转视图。选择功能选项卡中的"布局"→"模型视图"→"旋转"命令，如图 8-20 所示。

图 8-20 选择"旋转"命令

选择上步创建的一般视图为父视图，在适当位置选择放置视图的中心点，系统弹出"绘图视图"对话框和"剖截面创建"菜单管理器，如图 8-21 所示。

在"剖截面创建"菜单管理器中选择"完成"命令，弹出"消息输入窗口"对话框，在其中设置剖面名称 F，然后单击按钮 ✓，弹出"设置平面"菜单管理器，如图 8-22 所示。

选择"平面"命令，在模型树中选取 DTM2 基准平面作为剖截面，单击"绘图视图"对话框中的"确定"按钮完成旋转视图的创建，如图 8-23 所示。

提示：如果在创建零件时已经创建截面，在"绘图视图"对话框中的"截面"下拉列表框中会出现相应名称的截面，可以直接选用。

图 8-21　"绘图视图"对话框和"剖截面创建"菜单管理器

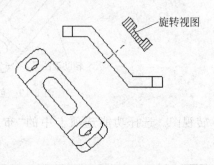

图 8-22　"设置平面"菜单管理器　　　　　　　图 8-23　旋转视图

③ 详细视图。在绘制工程图界面中创建辅助视图后,选择功能选项卡中的"布局"→
"模型视图"→"详细"命令,如图 8-24 所示。此时消息区提示"选择现有视图上的一点为
查看细节点",如图 8-25 所示。

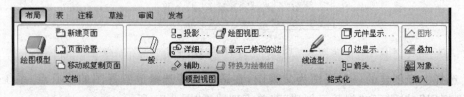

图 8-24　选择"详细"命令

图 8-25　选择中心点提示

在查看位置单击定位中心点,随后在消息区提示绘制轮廓线,如图 8-26 所示。在查
看位置单击绘制样条曲线,绘制完成后单击鼠标中键结束,最后在图纸上选择放置详细视

图位置,如图 8-27 所示。

图 8-26　绘制轮廓线提示

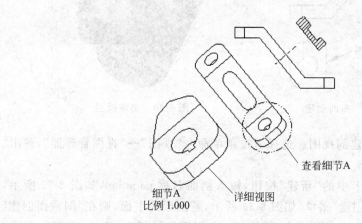

图 8-27　详细视图

④ 曲面视图。选择功能选项卡中的"布局"→"模型视图"→"投影"命令,选取主视图、投影俯视图,在俯视图上双击,弹出"绘图视图"对话框,在"类别"选项组中选择"截面"选项,在"剖面选项"选项组中选中"单个零件曲面"单选按钮,如图 8-28 所示,在俯视图中单击选择一个面,单击"确定"按钮,完成曲面创建,如图 8-29 所示。

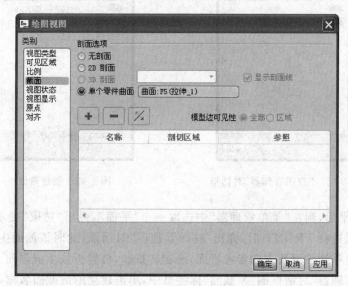

图 8-28　设置曲面视图

(4)创建剖视图

剖视图是用来表示零件或组件内部结构的一种视图。可以在三维零件中产生剖面,然后在工程图中调用,也可以直接在工程图中产生剖视图。剖视图有 3 种显示方式:完全、一半、局部。下面以图 8-30 为例创建剖视图。

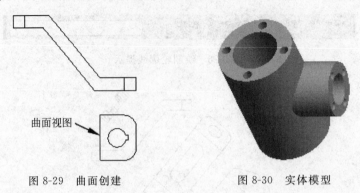

图 8-29 曲面创建   图 8-30 实体模型

① 在三维零件中创建剖视图。选择下拉菜单命令"视图"→"视图管理器",弹出"视图管理器"对话框,如图 8-31 所示。

单击"X 截面"选项卡中的"新建"按钮,输入剖面名称 paomian,如图 8-32 所示,按 Enter 键后出现"剖截面创建"菜单,如图 8-33 所示,若剖面为平面,则在"剖截面创建"菜单下接受默认的"平面"选项,单击"完成"按钮;若剖面为转折面,则选"偏距",单击"完成"按钮。

图 8-31 "视图管理器"对话框   图 8-32 创建截面

若剖面为平面,则在"菜单管理器"中选取一个"平面",弹出"选取"提示框,如图 8-34 所示,在绘图区选择 FRONT 后,弹出"视图管理器"对话框,此时该截面生成;若剖面为转折面,则指定草绘平面及方向参考平面,绘制转折线,由转折线生成剖面。

在"视图管理器"对话框的"X 截面"标签页中,单击建立的剖截面名称,即可看到此剖截面的剖面线,如图 8-35 左图所示,双击建立的剖截面名称,即可看到用此剖截面剖开实体的效果,如图 8-35 右图所示。双击图 8-32 所示的"剖面"选项卡中"无剖面"选项,即恢复无剖面显示。

图 8-33　剖面线创建

图 8-34　"选取"提示框

图 8-35　实体模型中的剖面

② 在工程图中创建剖视图。在创建剖视图时,在"绘图视图"对话框"类别"栏中选择"截面"命令,打开如图 8-36 所示的对话框,设定剖面的详细内容,在"剖面选项"栏中选中"2D 剖面"单选按钮,单击按钮 ✚ (将剖面添加到视图中),选择已创建好的剖面名称PAOMIAN、剖切区域及参照后,单击"确定"按钮即可创建剖面视图。

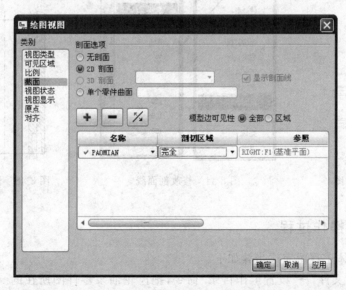

图 8-36　选择剖切平面

在"剖切区域"可以选择"完全""一半""局部"等选项,"完全"是指全剖视图,如图 8-37 所示;"一半"是指半剖视图,在对话框中修改剖切区域后,选取中心平面 RIGHT 作为参照,如图 8-38 所示;"局部"是指局部剖视图,在对话框中修改剖切区域后,在视图上选取要表达位置的点,再草绘封闭截面定义剖切区域,如图 8-39 所示。

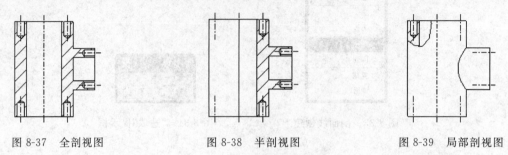

图 8-37　全剖视图　　　　　图 8-38　半剖视图　　　　　图 8-39　局部剖视图

在"模型边可见性"选项下选取"区域"选项时,可得如图 8-40 所示的剖面图。

③ 当完成剖面图后,可在剖面图中双击剖面线,弹出"修改剖面线"菜单,如图 8-41 所示,可修改剖面线的间距、角度、线形等,修改后生成的剖视图如图 8-42 所示。

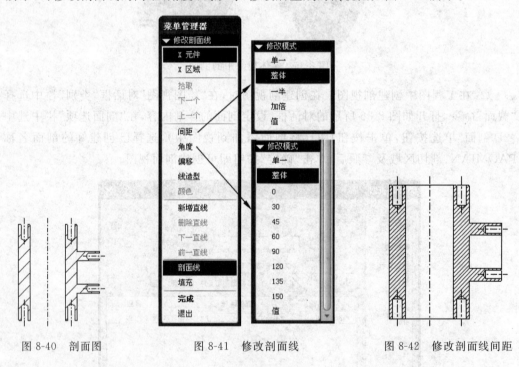

图 8-40　剖面图　　　　　图 8-41　修改剖面线　　　　　图 8-42　修改剖面线间距

8.1.3　操作过程

齿轮油泵体工程图完成步骤如下。

(1) 选择"文件"→"设置工作目录"命令,把齿轮油泵零件图所在的 xm08 文件夹设置为工作目录。

（2）打开 clybt 三维零件图,在需要生成剖视图的位置生成新的基准平面,选择"视图"→"视图管理器"命令,弹出对话框,单击"剖面"→"新建"命令,此处分别新建 A、B、C、D 四个截面,分别选择相应的平面,如图 8-43 所示。

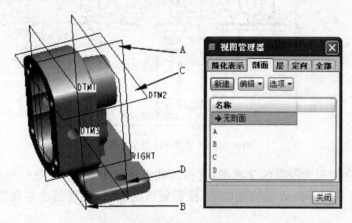

图 8-43 生成剖面(油泵泵体)

（3）选择"文件"→"新建"→"绘图"命令,取消选中"使用缺省模板"复选框,使用空模板,选择 A3 图纸。

（4）在绘制工程图界面中,选择"布局"→"模型视图"→"一般"命令。选取绘图中心点,在绘图区单击确定视图放置位置,系统弹出"绘图视图"对话框,在"视图方向"列表框中"参照 1"选项中选择"前"和 RIGHT 选项,"参照 2"选项中选择"底"和 FRONT 选项;在"类别"中选择"比例",在"定制比例"框中输入"1";在"类别"中选择"视图显示",在"显示样式"框中选择"消隐",如图 8-44 所示。单击"确定"按钮,创建完成一般视图,如图 8-45 所示。

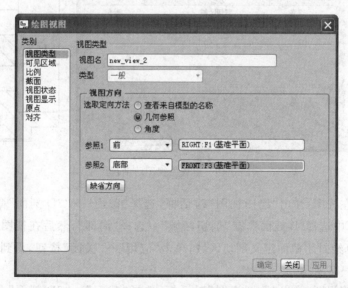

图 8-44 "绘图视图"对话框(油泵泵体)

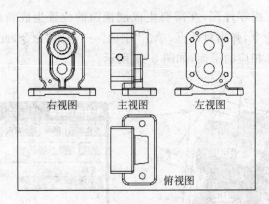

图 8-45　生成视图(油泵泵体)

(5) 选择主视图为投影的父视图,选择功能选项卡中的"布局"→"模型视图"→"投影"命令。在主视图下的适当位置单击,投影创建俯视图,同理创建左视图和右视图,如图 8-45 所示。

(6) 双击主视图,弹出"绘图视图"对话框,选择"截面"→"2D 剖面"命令,单击按钮 ，在"名称"中选择"A 剖面",单击"应用"→"关闭"按钮,得到主视图的剖视图,如图 8-46 所示。

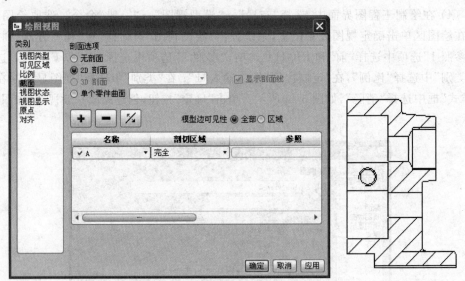

图 8-46　生成主视图的剖视图

(7) 双击左视图,弹出"绘图视图"对话框,选择"截面"→"2D 剖面"命令,单击按钮 ，在"名称"中选择"B 截面",在"剖切区域"中选择"局部",然后在视图上选取要表达位置的点,再草绘封闭截面定义剖切区域,单击"应用"→"关闭"按钮,得到左视图的局部剖视图,如图 8-47 所示。

(8) 双击俯视图,弹出"绘图视图"对话框,选择"截面"→"2D 剖面"命令,单击按钮 ，在"名称"中选择"C 截面",在"剖切区域"中选择"局部",然后在视图上选取要表达

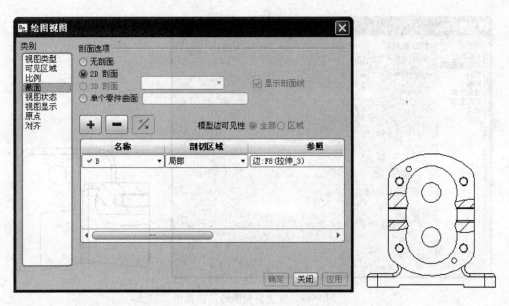

图 8-47　生成左视图的局部剖视图

位置的点,再草绘封闭截面定义剖切区域,单击"应用"→"关闭"按钮,得到俯视图的局部剖视图,如图 8-48 所示。

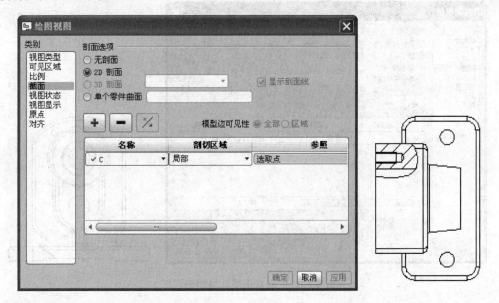

图 8-48　生成俯视图的局部剖视图

(9) 双击俯视图,弹出"绘图区域"→"可见区域",选择"视图可见性"为"局部视图",然后在视图上选取要表达位置的点,再草绘封闭截面定义剖切区域,单击"应用"→"关闭"按钮,得到局部视图,如图 8-49 所示。

(10) 双击右视图,弹出"绘图视图"对话框,选择"截面"→"2D 剖面"命令,单击按钮 ，在名称中选择"D 截面",在"剖切区域"中选择"局部",然后在视图上选取要表达位

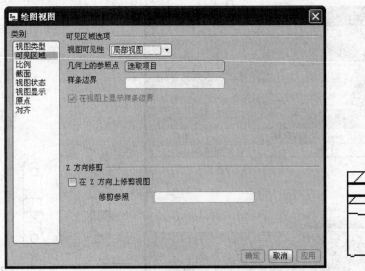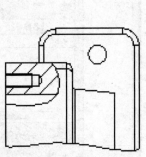

图 8-49　生成俯视图的局部视图

置的点,再草绘封闭截面定义剖切区域,单击"应用"→"关闭"按钮,得到右视图的局部剖视图,如图 8-50 所示。

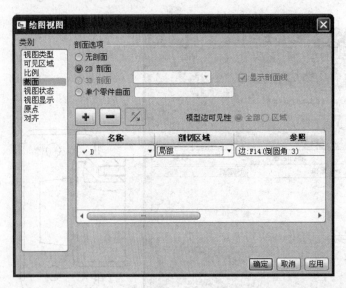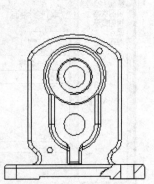

图 8-50　生成右视图的局部剖视图

(11) 分别双击各视图,在"绘图视图"对话框中设置视图显示选项,"相切边显示样式"为"无",单击"应用"→"关闭"按钮,选择功能选项卡中的"注释"→"插入"→"显示模型注释"命令,弹出"显示模型注释"对话框,在对话框中单击"基准"按钮,然后分别单击各视图,在对话框中选择要显示的轴线,单击"应用"→"关闭"按钮,生成齿轮油泵泵体的零件图,如图 8-51 所示。

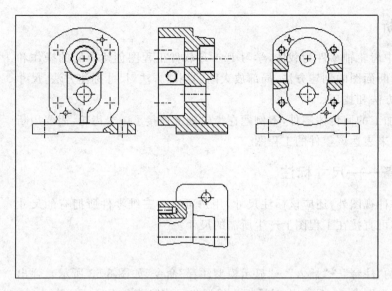

图 8-51 齿轮油泵泵体的零件图

齿轮油泵体的工程图操作
参考.mp4(19.0MB)

任务 8.2　齿轮轴的工程图

按给定的齿轮油泵齿轮轴模型,完成齿轮轴的工程图,工程图如图 8-52 所示。

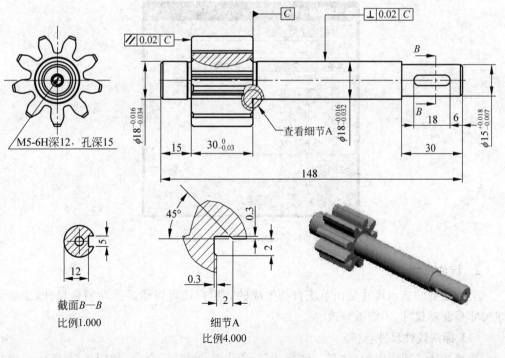

图 8-52　齿轮轴的工程图

8.2.1　任务解析

本任务以齿轮油泵中齿轮轴零件为载体,学习 Pro/E 软件工程图创建界面的操作和应用,学习零件工程图中断面图的创建方法,局部放大图的创建方法,尺寸标注方法,尺寸公差和形位公差的标注方法和技巧。

齿轮轴零件是车削加工的回转体零件,本例题在齿轮轴上连接了一个齿轮,需要用断面图、局部放大图等方法来表达该零件的工程图。

8.2.2　知识准备——尺寸标注

在工程图中,除了各种视图外,还应该标注尺寸,用户可以将三维零件所拥有的尺寸显示在二维工程图上,亦可直接在工程图上产生所需的尺寸。

1. 显示尺寸

选择功能选项卡中的"注释"→"插入"→"显示模型注释"命令(如图 8-53 所示),弹出"显示模型注释"对话框,如图 8-54 所示,在对话框中设置显示或隐藏各个尺寸标注。

图 8-53　选择"显示模型注释"命令

图 8-54　"显示模型注释"对话框

2. 标注尺寸

上步提到的显示尺寸是由系统自动生成的。用户还可以通过手动创建尺寸,手动创建尺寸是驱动尺寸,不能被修改。

(1) 标注线性尺寸

选择功能选项卡中的"注释"→"插入"→"尺寸-新参照"命令(如图 8-55 所示),弹出

图 8-55 选择"尺寸-新参照"命令

"依附类型"菜单管理器,如图 8-56 所示,各命令功能如下。

① 图元上:在工程图上选择一个或两个图元来标注,可以是视图或 2D 草绘中的图元,如图 8-57 所示。

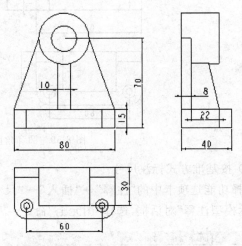

图 8-56 "依附类型"菜单管理器　　　　图 8-57 根据图元标注尺寸

② 在曲面上:用于曲面类零件视图的标注,通过选取曲面进行标注。
③ 中点:通过捕捉对象的中点标注尺寸。
④ 中心:通过捕捉圆或圆弧的中心来标注尺寸。
⑤ 求交:通过捕捉两图元的交点来标注尺寸,交点可以是虚的。
⑥ 做线:通过选取"两点""水平方向"或"垂直方向"来标注尺寸。

(2) 标注径向尺寸

选择功能选项卡中的"注释"→"插入"→"Z-半径尺寸"命令(如图 8-58 所示)。

图 8-58 选择"Z-半径尺寸"命令

单击圆或圆弧,系统提示选择圆心的位置,如图 8-59 所示。

(3) 标注角度尺寸

选择功能选项卡中的"注释"→"插入"→"尺寸-新参照"命令,弹出"依附类型"菜单管理器,选择"图元上"命令,然后选取两个图元,最后单击鼠标中键放置角度尺寸,如图 8-59 所示。

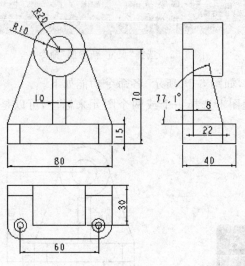

图 8-59　圆和角度标注

（4）按基准方式标注尺寸

选择功能选项卡中的"注释"→"插入"→"尺寸-公共参照"命令（如图 8-60 所示）,弹出"显示模型注释"对话框,选择"图元上"命令。

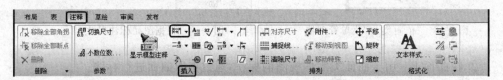

图 8-60　选择"尺寸-公共参照"命令

（5）参照尺寸

选择功能选项卡中的"注释"→"插入"→"参照尺寸-新参照"命令,如图 8-61 所示。此命令可以用来创建参照尺寸,创建方式同前,不同的是尺寸后有"参照"两字。

图 8-61　选择"参照尺寸-新参照"命令

3. 标注公差

（1）尺寸公差

Pro/E 5.0 提供了 4 种公差的表达方式：限制、加-减、+-对称、+-对称（上标）,如图 8-62 所示。

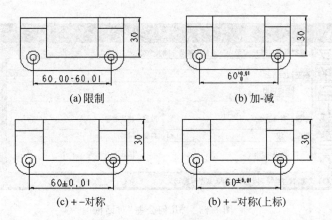

(a) 限制   (b) 加-减

(c) +-对称   (b) +-对称(上标)

图 8-62 4 种公差样式

在工程图模式下选取线性尺寸,右击弹出快捷菜单,选择"属性"命令,弹出"尺寸属性"对话框,如图 8-63 所示,在"公差"选项组进行设置即可。

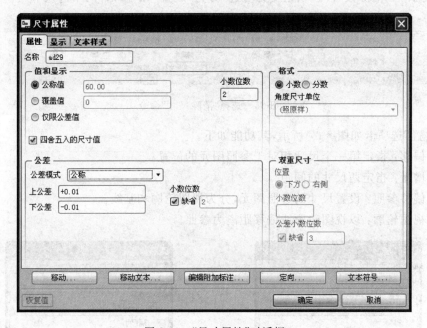

图 8-63 "尺寸属性"对话框

如果全部或大部分尺寸需设置公差,可在工程图模式选择"文件"→"绘图选项"命令,弹出"选项"对话框,在"选项"文本框输入 tol_display,选项的"值"设置为 yes 即可。

（2）几何公差

在工程图模式下,选择功能选项卡中"注释"→"插入"→"几何公差"命令,系统弹出"几何公差"对话框,如图 8-64 所示,通过该对话框可以对各种几何公差进行设置。

4. 编辑尺寸

（1）清除尺寸

在工程图模式下,选择功能选项卡中"注释"→"排列"→"清除尺寸"命令,如图 8-65

图 8-64　"几何公差"对话框

所示,系统弹出"清除尺寸"对话框,如图 8-66 所示。由于没有选取要清除的尺寸,"清除设置"选项组为灰色,不可选。单击"要清除的尺寸"选项组中的按钮 ![], 选择要清除的尺寸。选择后"清除设置"选项组变为可选,分为"放置"和"修饰"两个选项卡。

图 8-65　选择"清除尺寸"命令

"放置"选项卡如图 8-67 所示,其功能如下。

① 偏移:指定第一个尺寸相对于参照图元的位置。

② 增量:指定两尺寸的间距。

③ 偏移参照:设置尺寸的参照图元,分为视图轮廓和基线。

④ 视图轮廓:以视图轮廓线偏移距离为参照。

图 8-66　"清除尺寸"对话框

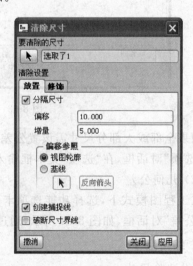

图 8-67　"放置"选项卡

⑤ 基线：以用户所选择的基准面、捕捉线、视图轮廓线等图元作为偏移距离的参照。

⑥ 创建捕捉线：用来创建捕捉线，以便让尺寸能对齐捕捉线。

⑦ 破断尺寸界线：打断尺寸界线与尺寸草绘图元的交接处。

"修饰"选项卡如图 8-68 所示，其功能如下。

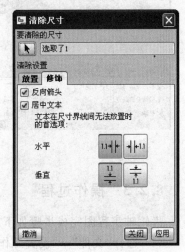

① 反向箭头：当尺寸距离太小时，箭头自动反向。

② 居中文本：尺寸文本居中对齐。

文本在尺寸界线间无法放置时的首选项为"水平"时，说明如下。

：如果水平尺寸文本无法放置，把尺寸移到尺寸界线的左边。

：如果水平尺寸文本无法放置，把尺寸移到尺寸界线的右边。

文本在尺寸界线间无法放置时的首选项为"垂直"时，说明如下。

：如果垂直尺寸文本无法放置，把尺寸移到尺寸界线的上边。

图 8-68　"修饰"选项卡

：如果垂直尺寸文本无法放置，把尺寸移到尺寸界线的下边。

（2）移动尺寸

① 移动尺寸位置：单击欲移动的尺寸或注释，当尺寸附近出现十字箭头光标、左右双箭头光标或上下双向光标时，拖动尺寸或注释至适当位置，释放鼠标左键完成动作。

② 对齐尺寸：选择多个尺寸后，选择功能选项卡中"注释"→"排列"→"对齐尺寸"命令，如图 8-69 所示，可使所选的多个尺寸同时对齐，并且相互之间的间距保持不变。

图 8-69　选择"对齐尺寸"命令

提示：在多个尺寸选择时，可以按住 Ctrl 键逐一单击目标，或直接用矩形框选择多个尺寸。

③ 在视图间移动尺寸：选择所要移动的尺寸，右击，弹出快捷菜单，选择"将项目移动到视图"命令，再选择目标视图即可。

④ 制作拐角：选择功能选项卡中"注释"→"插入"→"角拐"命令，如图 8-70 所示，根据系统提示选取尺寸，在尺寸界线上选取角拐位置，拖动来重新放置尺寸。

⑤ 制作断点：选择功能选项卡中"注释"→"插入"→"断点"命令，如图 8-71 所示，根据系统提示在尺寸界线上选取两断点，两断点之间线条被删除。

图 8-70　选择"角拐"命令

图 8-71　选择"断点"命令

8.2.3　操作过程

齿轮轴工程图完成步骤如下。

(1) 选择"文件"→"设置工作目录"命令,把齿轮轴图所在位置设置为工作目录。

(2) 在零件图状态下,在需要生成剖视图的位置生成新的基准平面,单击"视图"→"视图管理器"命令,在弹出的对话框中选择"X 截面"→"新建"命令,此处分别新建 A、B 两个截面,其中 FRONT 面为 A 截面,DTM2 面为 B 截面,如图 8-72 所示。

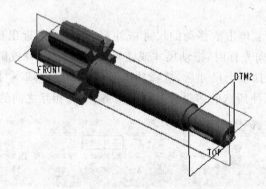

图 8-72　选择截面

(3) 打开齿轮油泵泵体零件图,选择"文件"→"新建"→"绘图"命令,取消选中"使用缺省模板"复选框,使用空模板,选择 A4 图纸。

(4) 在绘制工程图界面中,选择"布局"→"模型视图"→"一般"命令。选取绘制视图的中心点,在绘图区单击确定视图放置位置,系统弹出"绘图视图"对话框,在"视图方向"列表框中"参照 1"选项中选择"后面"和 FRONT 选项,"参照 2"选项中选择"右"和 DTM2 选项;在"类别"中选择"比例"命令,在"定制比例"框中输入 1;在"类别"中选择"视图显示"命令,在"显示样式"框中选择"消隐",单击"确定"按钮,完成主视图创建,如图 8-73 所示。

(5) 选择主视图为投影的父视图,选择"布局"→"模型视图"→"投影"命令。在父视图右边适当位置单击,投影创建左视图,如图 8-73 所示。

图 8-73 生成一般视图

(6) 双击主视图,弹出"绘图视图"对话框,选择"截面"→"2D 剖面"命令,单击按钮 ,在"名称"中选择"A 截面",在"剖切区域"中选择"局部",然后在视图上选取要表达位置的点,再草绘封闭截面定义剖切区域,"绘图视图"对话框设置如图 8-74 所示,单击"应用"→"关闭"按钮,得到局部剖视图,如图 8-75 所示。

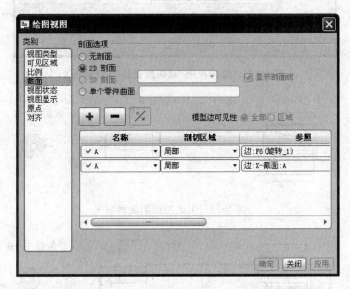

图 8-74 "绘图视图"对话框设置1(齿轮轴)

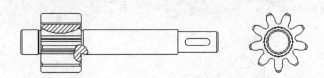

图 8-75 生成主视图的两处局部剖视图

(7) 双击左视图,弹出"绘图区域"→"剖面",选择"2D 剖面"命令,单击按钮 ,在"名称"中选择"B 截面",在"模型边可见性"中选择"区域",在"剖切区域"中选择"完全","绘图视图"对话框中的设置如图 8-76 所示,单击"应用"→"关闭"按钮,得到左视图的剖面图,如图 8-77 所示。

(8) 双击主视图,选择"布局"→"模型视图"→"详细"命令。选择主视图上的一点为查看细节点。在查看位置单击定位中心点,然后单击绘制样条曲线,绘制完成后单击鼠标中键结束,最后在图纸上选择放置详细视图位置,如图 8-78 所示。

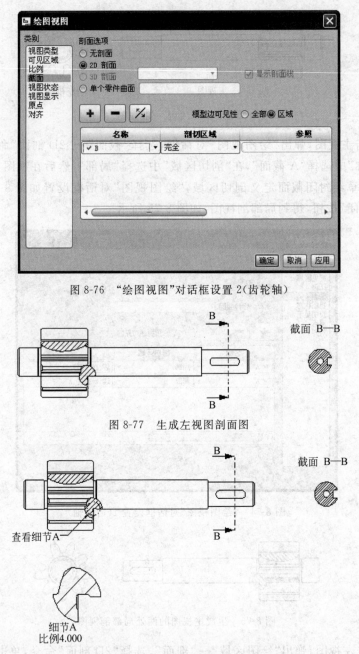

图 8-76　"绘图视图"对话框设置 2(齿轮轴)

图 8-77　生成左视图剖面图

截面 B—B

查看细节A

细节A
比例4.000

图 8-78　生成主视图局部详细视图

(9) 选择主视图为投影的父视图,选择"布局"→"模型视图"→"投影"命令。在父视图左边适当位置单击,投影创建右视图,调整各视图位置,得到齿轮轴的全部视图,如图 8-79 所示。

(10) 选择"注释"→"插入"→"显示模型注释"命令,弹出"显示模型注释"对话框,然后分别单击模型特征的各个组成部分,在对话框中设置显示或隐藏各个尺寸标注,如图 8-79 所示。

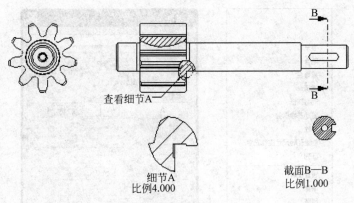

查看细节A

细节A
比例4.000

截面B—B
比例1.000

图 8-79 齿轮轴零件图视图

(11) 选择"注释"→"插入"→"尺寸-新参照"命令，弹出"依附类型"菜单管理器，选择"图元上"命令，然后分别选取两个图元，最后单击鼠标中键放置尺寸，标注完成其他尺寸，如图 8-80 所示。

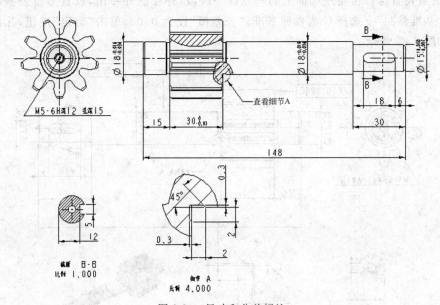

图 8-80 尺寸和公差标注

(12) 选取尺寸，右击，弹出快捷菜单，选择"属性"命令，弹出"尺寸属性"对话框，"公差"选项组中的"小数位数"设定为 3，"公差模式"设定为"加-减""上偏差"及"下偏差"。

如果全部或大部分尺寸需设置公差，可在工程图模式下选择"文件"→"绘图选项"命令，弹出"选项"对话框，在"选项"文本框中输入 tol_display，选项的"值"设置为 yes 即可。

(13) 在零件图中，选择齿轮的右端面创建一个基准面 C，在模型树中，右击基准面 C，弹出快捷菜单，选择"属性"命令，弹出"基准"对话框，单击按钮 ◁▶ ，单击"确定"按钮，如图 8-81 所示，再将软件切换至工程图模式，可以看到零件图中出现了 C 基准面。

(14) 选择"注释"→"插入"→"几何公差"命令，系统弹出"几何公差"对话框，单击按钮 // ，在"模型参照"下的"模型"中选择"齿轮轴"，"参照"类型选择"曲面"，单击齿轮左

图 8-81　创建基准面

端面,放置位置选择齿轮左端面上的一点或一线段,并在图外单击,放置形位公差的图形框,在"基准参照"下选择 C 为参照基准,"公差值"设为 0.02,单击"确定"按钮,几何公差标注如图 8-82 所示。

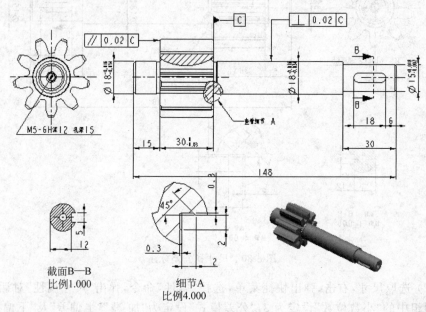

截面B—B
比例1.000

细节A
比例4.000

图 8-82　生成形位公差

（15）用同样的方法可以生成其他类型的形位公差,如图 8-82 所示。其中齿轮未采用简化画法,由于齿轮为圆柱标准齿轮,因此此处由标准模数和齿数即可得知齿轮的最终形状。

齿轮轴的工程图操作

参考. mp4(45.3MB)

任务 8.3　齿轮油泵的装配图

按给定的齿轮油泵模型,完成齿轮油泵的工程图,工程图如图 8-83 所示。

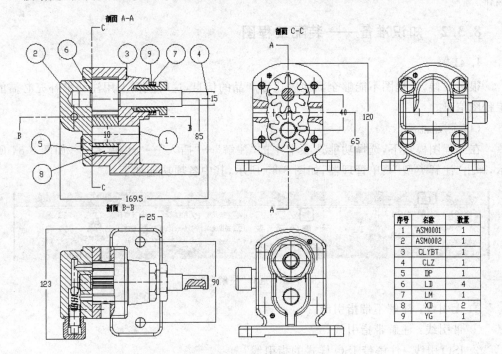

图 8-83　齿轮油泵的工程图

序号	名称	数量
1	ASM0001	1
2	ASM0002	1
3	CLYBT	1
4	CLZ	1
5	DP	1
6	LJ	4
7	LM	1
8	XJ	2
9	YG	1

8.3.1　任务解析

本任务以齿轮油泵为载体,学习 Pro/E 软件工程图创建界面的操作和应用,学习装配工程图的表达方法,装配工程图中剖面线的修改方法,零件列表及 BOM 球标的使用方法和技巧。

装配图中零件比较多,需要采用多种方法来表达该装配体的工程图。为了清楚地表达齿轮油泵装配图,需要用剖视图和局部剖视图来表达该装配体的工程图,并且需要给出零件编号、生成明细表。

1. 装配图的技术要求

装配图中应该用文字和符号写出技术要求,用于指导装配体的装配、安装和使用。技术要求的条文应编写序号,仅有一条时不写序号。装配图上一般应包括下列内容。

(1) 对装配体表面质量的要求,例如涂层、修饰等。

(2) 对校准、调整和密封的要求。

(3) 对性能与质量的要求,如噪声、耐震性、自动制动等。

(4) 试验条件与方法及其他必要的说明。

2. 装配图中的序号

在装配图中为方便查阅对应的零部件,图中的每种零部件均应编号。装配图中的序号应按《机械制图　装配图中零、部件序号及其编排方法》(GB/T 4458.2—2003)的规定编排。

8.3.2　知识准备——装配工程图

1. 注解

很多时候,工程图不能够全面地表达出产品的信息,这时就需要用注释来补充必需的工程图信息。

（1）创建注解

在工程图模式下,选择功能选项卡中的"注解"→"插入"→"注解"命令,如图 8-84 所示,弹出"注解类型"菜单管理器,如图 8-85 所示,其中各项功能如下。

图 8-84　选择"注解"命令

① 无引线:注解不带指引线。

② 带引线:注解带指引线。

③ ISO 引线:注解带 ISO 样式的指引线。

④ 在项目上:将注解连接在曲线、边等图元上。

⑤ 偏移:插入一条注解并使其位置与某一详图图元相关。

⑥ 输入:直接从键盘输入文字内容。

⑦ 文件:从 txt 格式文件中读取文字内容。

⑧ 水平:注解水平放置。

⑨ 垂直:注解竖直放置。

⑩ 角度:注解倾斜放置。

⑪ 标准:注解的指引线为标准样式。

⑫ 法向引线:注解的指引线垂直于参考对象。

⑬ 切向引线:注解的指引线垂直切于参考对象。

⑭ 左:注解文字以左对齐方式放置。

⑮ 居中:注解文字以居中方式放置。

⑯ 右:注解文字以右对齐方式放置。

⑰ 缺省:注解文字以默认方式放置。

⑱ 样式库和当前样式:自定义文字的样式和指定当前使用文字的样式。

完成设置后,选择"完成/返回"命令,再在工程图下方的提示框中输入注解内容,单击鼠标中键即可完成创建。

（2）修改注释

选取要修改的注释，右击，在弹出的快捷菜单中选择"编辑链接"命令，系统弹出"修改选项"菜单管理器，如图 8-86 所示，其中各项功能如下。

图 8-85　"注解类型"菜单管理器

图 8-86　"修改选项"菜单管理器

① 相同参照：不改变参照图元，但可改变指引线头的位置。

② 更改参照：用来改变参照图元、箭头样式与指引线头的依附位置。

③ 增加参考：用来增加参照图元。

④ 删除参考：删除指引线头所依附的参考。

⑤ 图元上：指引线头指向参照图元的任何位置。

⑥ 在曲面上：指引线头指向参照曲面的任意位置。

⑦ 自由点：指引线头指向参照曲面的任意位置。

⑧ 中点：指引线头指向参照图元的中点位置。

⑨ 求交：指引线头指向两图元的交点处。

⑩ 箭头：指引线的端点为标准箭头。

⑪ 点：指引线的端点为点箭头。

⑫ 实心点：指引线的端点为实心点。

⑬ 没有箭头：指引线的端点没有箭头。

⑭ 斜杠：指引线的端点为破口连接点。

⑮ 整数：指引线的端点为整数符号连接点。

⑯ 方框：指引线的端点为矩形方框。

⑰ 实心框：指引线的端点为实心矩形方框。

⑱ 双箭头：指引线的端点为连接点双箭头。

⑲ 目标：对连接点使用目标箭头。

2. 表格、图框与模板

在 Pro/E 中，虽然提供了一些工程图模板供用户使用，但是还远远不能满足用户对模板多样性的需求，因此很多时候还是需要用户自己来定义专门的模板。"表"可以用来制作标题选项组、BOM 表、零件族表，还可以用来显示零件的其他信息，可以通过"格式"命令绘制图框，将制作好的表格和图框加入自定义的模板后，再保存为模板，以后就可以反复调用集合了表格与图框功能的模板了。

（1）表格

本节介绍表格的一些基本操作。

① 建表格。在工程图模式下，选择功能选项卡中的"表"→"表"→"表"命令，如图 8-87 所示，系统弹出"创建表"菜单管理器，如图 8-88 所示。

图 8-87　选择"表"命令

在绘图区适当位置单击确定表格的顶点位置，接下来确定列宽和行高，可以通过"按字符数"和"按长度"两个命令来指定。

a. 按字符数：通过指定单元表格可容纳的字符数来指定列宽，如图 8-89 所示。多次单击数字指定列宽和列数，指定完成后单击鼠标中键，接下来指定行高和行数，如图 8-90 所示。

b. 按长度：通过在绘图区下侧输入列宽和行高来创建表格。

② 删除表格。在要删除的表格内任意位置单击，选择功能选项卡中的"表"→"表"→"选取表"命令，如图 8-91 所示，选取整个表；或者将光标移动到表的任意一个顶点附近，当整个表的颜色改变后，单击选择整个表。

选择"编辑"→"删除"→"删除"命令，或单击系统菜单栏中的"删除"按钮，删除表格。

图 8-88　"创建表"菜单管理器

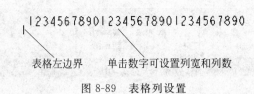

表格左边界　　单击数字可设置列宽和列数

图 8-89　表格列设置

表格上边界

图 8-90　表格行设置

图 8-91　选择"选取表"命令

③ 移动表格。表格的移动有如下两种方法。

a. 选取整个表格，再将光标移动到表格的任意顶点位置，当光标呈现十字、水平、垂直形状时，将表格拖动到适当位置即可。

b. 选取整个表格，选择"编辑"→"移动特殊"命令，通过输入 X、Y 的坐标值来移动表格。

④ 输入与编辑文本。双击要输入文本或编辑文本的单元格，系统弹出"注解属性"对话框，如图 8-92 所示。

在该对话框中"文本"选项卡下输入文本、符号、尺寸、参数等项目，在"文本样式"选项卡中设置字符高度、宽度等属性。

⑤ 复制单元格文本。选择需要被复制内容的单元格；选择"编辑"→"复制"命令，或右击，从弹出的快捷菜单中选择"复制"命令；选择目标单元格；选择"编辑"→"粘贴"命令，或直接在目标单元栏中右击，从弹出的快捷菜单中选择"粘贴"命令。

⑥ 删除表格文本。选择需要删除内容的单元格；选择"表"→"删除内容"命令，或右击，从弹出的快捷菜单中选择"删除内容"命令。

⑦ 保存表格。表可以保存为一个文本文件

图 8-92　"注解属性"对话框

(txt 格式)，还可以保存为一个专门的表格文件(tbl 格式)。

选择要保存的表或单元格；选择功能选项卡中的"表"→"表"→"另存为表"命令即可，如图 8-93 所示；输入一个表的名字，单击"保存"按钮，系统以 txt 格式将表格保存到当前工作目录下。

提示：如果需要以 tbl 格式保存表格，可以选择功能选项卡中的"表"→"表"→"另存为表"命令。

图 8-93　选择"另存为表"命令

⑧ 读取表。选择功能选项卡中的"表"→"表"→"表来自文件"命令,如图 8-94 所示。系统弹出"打开"对话框,选择已经保存的文件,单击"打开"按钮。绘图区将出现表的轮廓,在合适的位置单击放置表格。

图 8-94　选择"表来自文件"命令

⑨ 复制表。选择要复制的表格;选择"编辑"→"复制"命令;单击鼠标中键退出;选择"编辑"→"粘贴"命令;系统弹出剪贴板窗口,显示要复制的对象,在剪贴板中单击选择放置点;在工程图中合适的位置单击放置表。

⑩ 编辑表。

a. 插入列(行)的步骤如下。选择功能选项卡中的"表"→"行和列"→"添加列"("添加行")命令,如图 8-95 所示;在表格中选取一条直线,在所选直线处插入一个新列(行)。

图 8-95　选择"添加列"("添加行")命令

b. 删除列(行)的步骤如下。在需要删除的列(行)中选择某单元格;选择功能选项卡中的"表"→"表"→"选取列"("选取行")命令,如图 8-96 所示;右击,在弹出的快捷菜单中选择"删除"命令,将选取的列(行)删除;若想取消删除,选择"编辑"→"取消删除"命令即可。

图 8-96　选择"选取列"("选取行")命令

c. 改变行高和列宽的步骤如下。选取要重新设置的行或列；选择功能选项卡中的"表"→"行和列"→"高度和宽度"命令，如图 8-97 所示。弹出"高度和宽度"对话框，如图 8-98 所示。可以通过该对话框来设置行高和列宽。

图 8-97　选择"高度和宽度"命令

d. 表格的合并与还原的步骤如下。选择要合并的单元格的表；选择功能选项卡中的"表"→"行和列"→"合并单元格"命令，如图 8-99 所示。弹出"表合并"菜单管理器，如图 8-100 所示；选择要合并的第一个和最后一个单元格，所选两单元格之间的所有单元格被合并，单击鼠标中键，完成单元格的合并。

若需要还原单元格，选择功能选项卡中的"表"→"行和列"→"取消合并单元格"命令，如图 8-101 所示。

选择要还原的第一个和最后一个单元格，所选两个单元格之间的所有单元格被还原，单击鼠标中键，完成取消合并单元格。

图 8-98　"高度和宽度"对话框

图 8-99　选择"合并单元格"命令

图 8-100　"表合并"菜单管理器

图 8-101　选择"取消合并单元格"命令

e. 表格旋转与原点设置的步骤如下。首先选择表格，然后选择功能选项卡中的"表"→"表"→"设置旋转原点"命令，如图 8-102 所示。

图 8-102　选择"设置旋转原点"命令

选择表格的一个顶点作为旋转原点,单击鼠标中键确定;选择功能选项卡中的"表"→"表"→"旋转"命令,如图 8-103 所示,表绕其原点逆时针旋转 90°。

图 8-103　选择"旋转"命令

(2) 图框

Pro/E 提供了 3 种方式来创建图框:从外部导入、通过草绘命令绘制和使用草绘模式绘制。

① 从外部导入。如果用户已有现成的图框文件,且该文件是 Pro/E 能够读取的格式(如 dwg、dxf、iges),那么就可以将其导入到 Pro/E 中,然后将其保存成图框文件即可(扩展名为 frm)。

具体操作过程如下。启动 Pro/E 5.0 软件,选择"文件"→"打开"命令,或单击"打开"按钮,弹出"文件打开"对话框,选取要导入的文件,单击"确定"按钮。

系统弹出"导入新模型"对话框,在"类型"选项组中选中"格式"单选按钮,将目标文件转换成 frm 文件,单击"确定"按钮,即可完成图框的导入。

② 通过草绘命令绘制。启动 Pro/E 5.0 软件,选择"文件"→"新建"命令,或单击"新建"按钮,弹出"新建"对话框,在"类型"选项组中选中"格式"单选按钮,如图 8-104 所示,然后输入文件名称,单击"确定"按钮。

系统弹出"新格式"对话框,这个对话框与创建工程图时的对话框很相似,只是"使用模板"单选按钮不能使用,如图 8-105 所示,"截面空"单选按钮用来导入 sec 文件,"空"单选按钮用来创建空白页面。

在"新格式"对话框中"指定模板"选项组中选中"空"单选按钮,"方向"选取"横向","大小"选取 A4,单击"确定"按钮。

进入格式环境,如图 8-106 所示,四周的边线代表实际纸张的边界,出图时只有边界内的项目才会被打印出来,边界本身不会被打印出来。

图 8-104 "新建"对话框"格式"按钮

图 8-105 "新格式"对话框

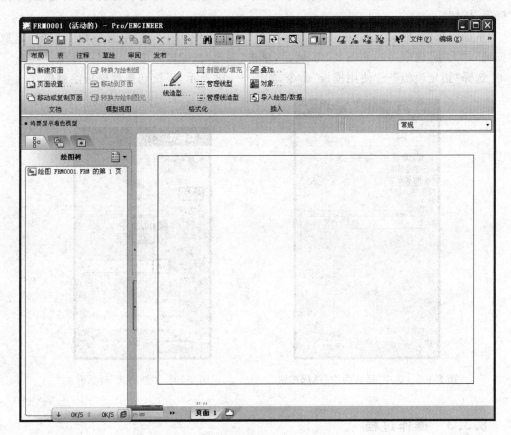

图 8-106 格式环境

可以用 2D 草绘命令绘制图框的边界,如折叠线等,也可以利用"表"命令来绘制标题选项组。

③ 使用草绘模式绘制。选择"文件"→"新建"命令,或单击"新建"按钮,系统弹出"新建"对话框,在"类型"选项组中选中"草绘"单选按钮,然后输入文件名称,单击"确定"按钮。

进入草绘环境,绘制图框外形,然后将其保存成扩展名为.sec 的文件。

选择"文件"→"新建"命令,或单击"新建"按钮,弹出"新建"对话框,在"类型"选项组中选中"格式"单选按钮,然后输入文件名称,单击"确定"按钮。

系统弹出"新建绘图"对话框,在"指定模板"选项组中选中"格式为空"单选按钮,如图 8-107 所示,单击"浏览"按钮来选取之前创建的.sec 文件,单击"确定"按钮,系统自动将绘制文件导入到图框文件中,导入时系统以左下角为对齐点,并根据草绘文件的大小自动设置纸张的大小。如需要绘制标题选项组,还要利用"表"功能。

(3)模板

工程图模板可以用来提高工程图的创建效率。

选择"文件"→"新建"命令,或单击"新建"按钮,系统弹出"新建"对话框,在"类型"选项组中选中"绘图"单选按钮,然后输入文件名称,取消选中"使用缺省模板"复选框,单击"确定"按钮。

系统弹出"新格式"对话框,在"指定模板"选项组中选中"空"单选按钮,"方向"选取"横向","大小"选取 A4,如图 8-108 所示,单击"确定"按钮即可进入工程图环境。

选择"指定模板"→"使用模板"命令,如图 8-108 所示,系统切换到模板绘制模式。

图 8-107 选中"格式为空"单选按钮

图 8-108 "新格式"对话框

8.3.3 操作过程

齿轮油泵装配图完成如下。

(1)选择"文件"→"设置工作目录"命令,把齿轮油泵装配图所在位置设置为工作目录。

（2）在装配图状态下，在需要生成剖视图的位置生成新的基准平面，选择"视图"→"视图管理器"命令，弹出对话框，选择"X截面"→"新建"命令，此处分别新建A、B两个截面，在"视图管理器"中双击A或B，得到图8-109。

图8-109　A、B截面

（3）打开齿轮油泵泵体零件图，选择"文件"→"新建"→"绘图"命令，取消选中"使用缺省模板"复选框，使用空模板，选择A3图纸。

（4）在绘制工程图界面中，选择"布局"→"模型视图"→"一般"命令。选取绘制视图的中心点，在绘图区单击即可确定视图放置位置，系统弹出"绘图视图"对话框，选择"模型视图名"中的FRONT选项，单击"确定"按钮，创建完成主视图，如图8-110所示。同样可以得到齿轮油泵装配图的三视图，如图8-111所示。

图8-110　"绘图视图"对话框（油泵装配）

（5）生成的装配图三视图中的剖面线比较乱，此处可以单击剖面线，弹出如图8-112所示的"修改剖面线"菜单管理器，此时图中红色区域的剖面线为当前选择剖面线，修改完成后可以单击"下一个"按钮，切换到下一个零件的剖面，此时可以选择"间距""角度""偏距"等选项修改剖面线的样式，修改后如图8-113所示。

（6）选择"注释"→"插入"→"尺寸-新参照"命令，弹出"依附类型"菜单管理器，选择"图元上"命令，然后分别选取两个图元，最后单击鼠标中键放置尺寸，标注完成其他尺寸，如图8-114所示。

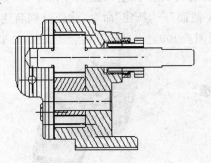

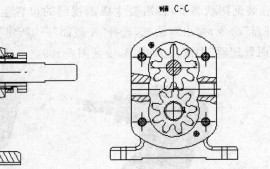

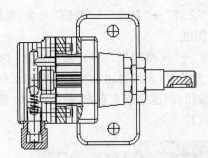

图 8-111　生成视图(油泵装配)

图 8-112　"修改剖面线"菜单(油泵装配)

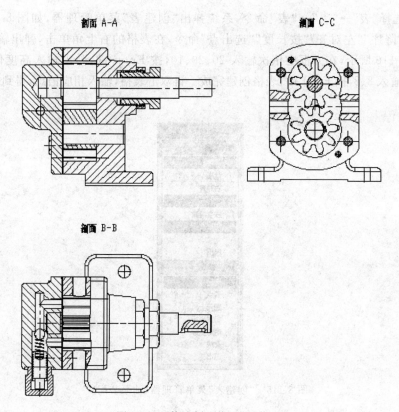

图 8-113 修改剖面线（油泵装配）

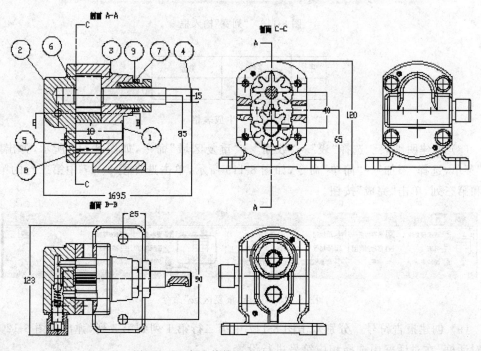

图 8-114 完成其他视图并标注（油泵装配）

（7）选择"表"→"表"→"表"命令，系统弹出"创建表"菜单管理器，如图 8-115 所示，依次选择"降序""左对齐""按长度""选出点"命令，在表格的右上角单击，弹出输入列宽信息，如图 8-116 所示，在方框中依次输入 20、20、10，按 Enter 键，弹出输入高度信息，在方框中依次输入 8、8，按 Enter 键，表格创建完成。再双击表格，输入相应信息，得到如图 8-117 所示表格。

图 8-115　"创建表"菜单管理器（油泵装配）

图 8-116　"列宽"输入框

序号	名称	数量

图 8-117　生成表格

（8）创建明细表。选择"表"→"数据"→"重复区域"命令，如图 8-118 所示，弹出"表域"菜单，选择"添加"→"简单"命令，如图 8-119 所示，单击选择图 8-117 中第二行的第一列和第三列，单击"完成"按钮。

图 8-118　选择"重复区域"命令

（9）创建报告符号。分别双击图 8-117 中第二行第 1 列到第 3 列，弹出如图 8-120 所示对话框，在对话框中选择相应符号进行设置。

① 设置第 1 列报表的索引号：Rpt→index。

② 设置第 2 列装配图中的成员名称：Asm→mbr→name。

③ 设置第 3 列报表中成员数量：Rpt→qty。

（10）创建无重复记录。选择功能选项卡中的"表"→"数据"→"重复区域"命令，如图 8-118 所示，弹出"表域"菜单，选择"属性"命令，弹出菜单，选择刚才定义的重复区域，在下级菜单中选择"无重复记录"命令，其他保持默认，单击"完成/返回"按钮。

（11）报表符号创建完成。选择"表"→"数据"→"重复区域"→"更新表"命令，生成如图 8-121 所示的明细栏。

图 8-120　符号设置

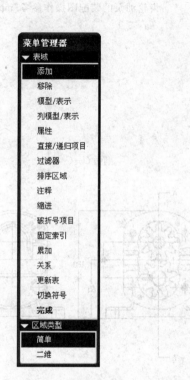

图 8-119　"表域"菜单

序号	名称	数量
1	ASM0001	1
2	ASM0002	1
3	CLYBT	1
4	CLZ	1
5	DP	1
6	LD	4
7	LM	1
8	XD	2
9	YG	1

图 8-121　生成明细栏

（12）生成球标，选择"表"→"球标"→"BOM 球标"命令，如图 8-122 所示，弹出"设置区域"对话框，如图 8-123 所示，选择图 8-121 所示的明细表，单击"完成"按钮，弹出"BOM 球标"对话框，选择"创建球标"→"显示全部"→"完成"命令，生成如图 8-124 所示装配图。

图 8-122　选择"BOM 球标"命令

图 8-123　创建球标

齿轮油泵的装配图操作参考.mp4(52.5MB)

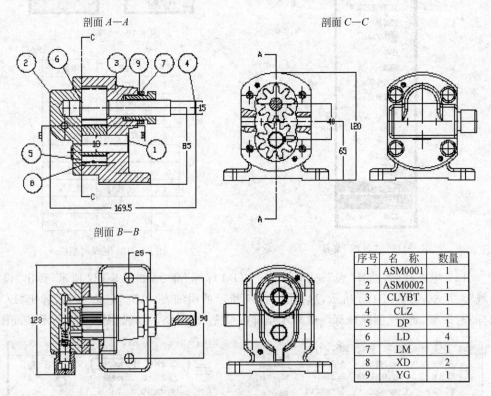

图 8-124　装配图

练　习

1. 创建如图 8-125 所示的三维零件，并制作其二维工程图。

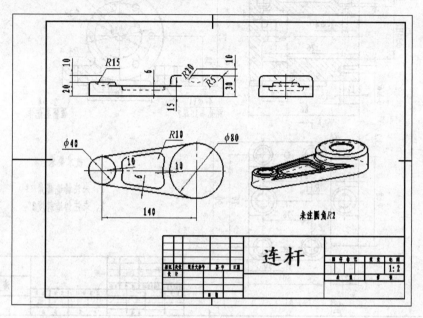

图 8-125　连杆

2. 创建如图 8-126 所示的三维零件，并制作其二维工程图。

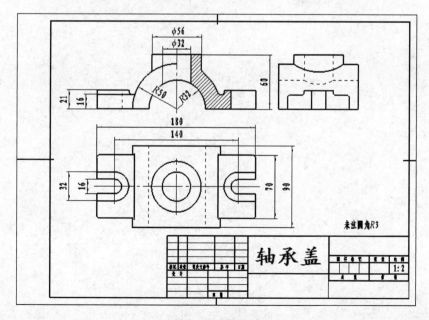

图 8-126　轴承盖

3. 创建如图 8-127 所示的三维零件,并制作其二维工程图。

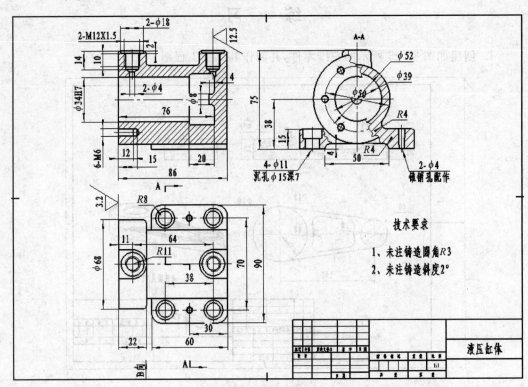

图 8-127　液压缸体

技术要求

1、未注铸造圆角R3

2、未注铸造斜度2°

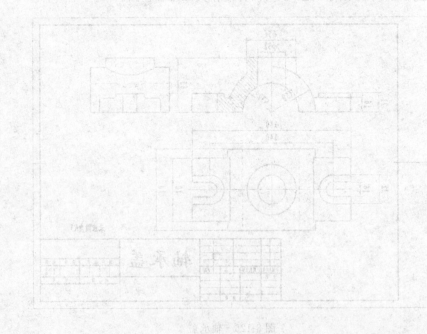

数控加工与编程

知识目标

(1) 熟悉 Pro/E 软件 NC 模块,能应用软件对零件进行车削和铣削编程加工。

(2) 学会用 Pro/E 软件设置简单零件的加工参数,并能通过后置处理生成加工程序。

能力目标

学生应具备数控编程基本知识,熟悉常见的加工方法,明确车削和铣削加工过程中机床、刀具等各项参数的设置方法和意义。

本项目的任务

学会应用 Pro/E 软件进行轴套类零件的车削编程加工方法,学会盘盖箱体等零件的铣削编程加工方法,压盖零件具有螺纹等结构,属于轴套类零件,泵盖零件属于箱盖类零件,具有典型结构,本项目以压盖、泵盖零件为载体,学习如何运用 Pro/E 软件进行车削和铣削数控加工与编程。

主要学习内容

(1) 数控机床的选择、刀具选择、参数设定等。

(2) 零件车外圆、车螺纹及切槽的方法。

(3) 平面铣削、体积块铣削、曲面铣削等加工方法。

(4) 零件的加工仿真方法。

(5) 加工后置处理方法。

任务 9.1 压盖加工与编程

按给定压盖零件模型,完成压盖零件的加工与编程,如图 9-1 所示。

图 9-1　齿轮油泵压盖零件模型

9.1.1　任务解析

本任务以齿轮油泵压盖零件为载体,学习 Pro/E 软件 NC 加工编程界面的操作和应用,学习车外圆的方法,车螺纹的方法和技巧。

压盖零件的外轮廓可以通过车外圆、车螺纹的方法加工出来。本次任务将从车外圆、车槽和车螺纹方面展开介绍。

9.1.2　知识准备——车削编程

1. NC 加工操作步骤

利用 Pro/E 软件 NC 生成数控程序的操作步骤如图 9-2 所示。

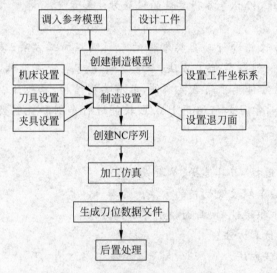

图 9-2　Pro/E 软件 NC 加工操作步骤

2. 进入 Pro/E 软件 NC 加工制造模块

(1) 启动 Pro/E,选择菜单中的"文件"→"新建"命令或单击按钮，系统显示"新建"对话框。在"类型"选项组选中"制造"单选按钮,在"子类型"选项组选中"NC 组件",输入加工文件的名称,单击"确定"按钮,进入 Pro/E 软件 NC 加工制造模块。

（2）创建制造模型。

① 在菜单栏中选择"插入"→"参照模型"→"装配模型"命令或在特征工具栏中单击 按钮，弹出"打开"对话框。

② 在"打开"对话框中选择文件 cl.prt，单击"打开"按钮，在弹出的"元件放置"操作面板中单击"放置"按钮，弹出"放置"下滑面板。在"约束类型"选项框中选择"缺省"，单击按钮 ，完成参考模型的导入，在弹出的对话框中选择"按参照合并"单选按钮，单击"确定"按钮，如图 9-3 所示。

③ 在菜单栏中选择"插入"→"工件"→"创建"命令或在特征工具栏中单击按钮 ，弹出输入工件名称的对话框，在对话框中输入工件名称 clw，单击按钮 ，弹出菜单管理器，在菜单管理器中选择"实体"→"伸出项"→"拉伸"→"实体"→"完成"命令，创建工件如图 9-4 所示。

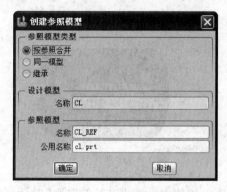

图 9-3 "创建参照模型"对话框

图 9-4 创建车削加工工件

④ 选择"文件"→"保存"命令。

其他说明如下。

一个完整的加工制造模型建立以后，应包括以下 3 个单独的文件。

a. 参照模型：扩展名为.prt。

b. 工件：扩展名为.prt。

c. 加工组合：扩展名为.asm。

（3）制造设置。

在菜单栏中选择"步骤"→"操作"命令，弹出如图 9-5 所示的"操作设置"窗口，在该窗口中定义"操作名称""加工机床""加工原点"及"退刀"等。

① 定义操作名称。在"操作名称"下拉列表框中输入操作名（系统默认为 OP010）。

② 定义 NC 机床。单击按钮 ，打开"机床设置"对话框，"机床类型"改选为"车床"，单

图 9-5 "操作设置"窗口

击按钮█,保存机床参数的设置,单击"确定"按钮,完成数控机床的定义。

③ 在图9-5所示窗口的"参照"区域中,单击按钮█,选取模型中的坐标系,设置加工坐标系。此处因原始坐标系不符合要求,需要创建一个新的坐标系。

④ 单击按钮█建立坐标系,系统弹出"坐标系"建立对话框,如图9-6所示,按住Ctrl键,选择零件左端面、TOP和FRONT基准面建立坐标系,在对话框中修改坐标方向,新建坐标系如图9-7所示。

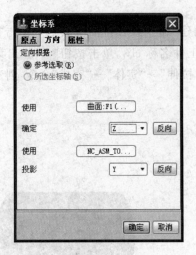

图9-6 "坐标系"建立对话框1

图9-7 新建坐标系ACS01

⑤ 在图9-5所示窗口的"退刀"区域中,单击按钮█,弹出"退刀选取"对话框,设置如图9-8所示。退刀面定义了刀具一次切削后所退回的位置,具体定义方法根据加工工艺的需要选择,退刀面如图9-9所示。

图9-8 "退刀设置"对话框1

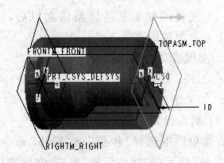

图9-9 新建退刀面1

(4) 创建NC序列——零件粗加工。

① 在菜单栏中选择"步骤"→"区域车削"命令,弹出菜单管理器,在菜单管理器中选择"NC序列"→"序列设置",然后依次选取"刀具""参数"和"刀具运动"选项,单击"完成"按钮,打开"刀具设定"窗口,在该窗口中进行刀具的具体参数设置,如图9-10所示。

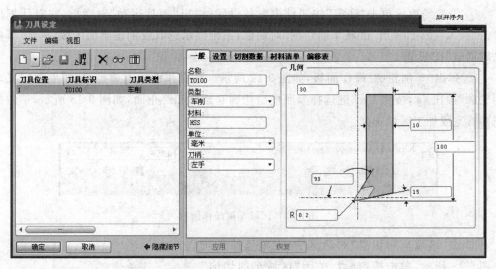

图 9-10 "刀具设定"窗口 1

② 单击"确定"按钮结束刀具的设置,系统弹出如图 9-11 所示的"编辑序列参数'区域车削'"窗口。

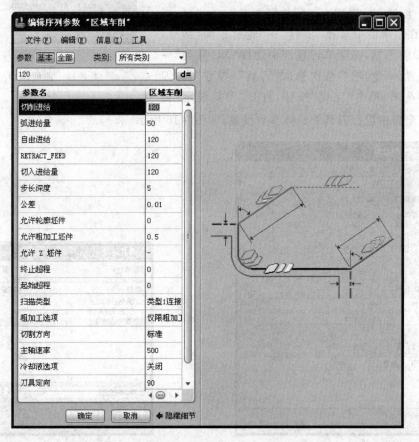

图 9-11 "编辑序列参数'区域车削'"窗口

③ 设置结束后单击"确定"按钮结束参数设置,弹出"刀具运动"对话框,在对话框中单击"插入"按钮,弹出"区域车削切削"对话框,系统提示选取或创建车削区域,单击"车削轮廓创建"按钮 。

④ 弹出"车削轮廓"操作面板,如图 9-12 所示。在操作面板上单击"使用曲面定义车削轮廓"按钮 ，按住 Ctrl 键选择参照模型轮廓起始面和终止面,如图 9-13 所示,单击按钮 ，完成加工区域选择。

图 9-12　区域车削操作面板

⑤ 在"区域车削切削"对话框中,设置延伸方向如图 9-14 所示,单击按钮 ，关闭"区域车削切削"对话框,单击"刀具运动"对话框中的"确定"按钮,如图 9-15 所示。在菜单管理器中,单击"完成序列"按钮,完成区域车削切削设置。

(5) 创建 NC 序列——零件精加工。

① 在菜单栏中选择"步骤"→"轮廓车削"命令,弹出菜单管理器,在菜单管理器中选择"NC 序列"→"序列设置"命令,然后依次选取"刀具""参数"和"刀具运动"选项,单击"完成"按钮,打开"刀具设定"窗口,在该窗口中进行刀具的具体参数设置,如图 9-16 所示。

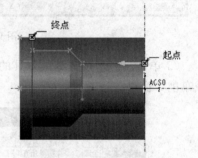

图 9-13　曲面选择

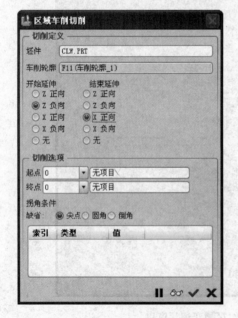

图 9-14　"区域车削切削"对话框

图 9-15　"刀具运动"对话框

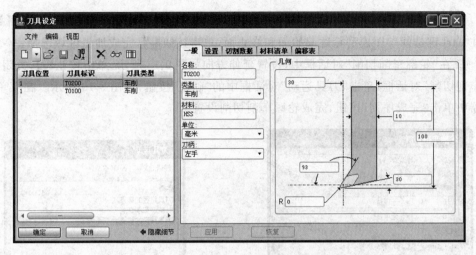

图 9-16 "刀具设定"窗口 2

② 单击"确定"按钮结束刀具的设置,系统弹出如图 9-17 所示的"编辑序列参数'轮廓车削'"窗口。

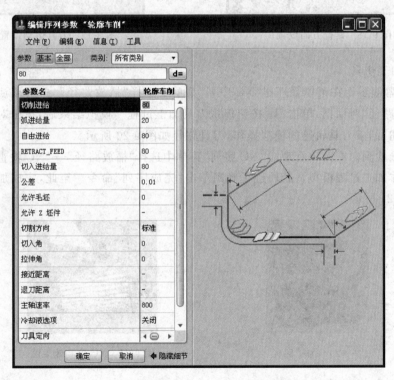

图 9-17 "编辑序列参数'轮廓车削'"窗口

③ 设置结束后单击"确定"按钮结束参数设置,弹出"刀具运动"对话框,在对话框中单击"插入"按钮,弹出"轮廓车削切削"对话框,系统提示选取或创建车削轮廓,单击"车削轮廓创建"按钮 ▦ 。

④ 弹出"车削轮廓"操作面板,在操作面板中单击"使用曲面定义车削轮廓"按钮 ,按住 Ctrl 键选择参照模型轮廓起始面和终止面,单击按钮 ,完成加工区域选择。

⑤ 在"轮廓车削切削"对话框中,设置延伸方向如图 9-18 所示,单击按钮 ,关闭"区域车削切削"对话框,单击"刀具运动"对话框中的"确定"按钮,如图 9-19 所示。在菜单管理器中单击"完成序列"按钮,完成轮廓车削切削设置。

图 9-18　延伸方向设置 1　　　　　　　　　图 9-19　刀具运动设置 1

(6) 加工仿真。

① 屏幕演示。在菜单管理器"NC 序列"菜单中选择"播放路径"→"屏幕演示"命令,打开"播放路径"对话框,单击 ▶ 按钮模拟刀具加工过程。模拟结束后,单击对话框中的"关闭"按钮,结束刀具轨迹的模拟操作,刀具路径如图 9-20 所示。

② NC 检测。在菜单管理器"NC 序列"菜单中选择"播放路径"→"NC 检查"命令,进行三维实体加工过程模拟。若轨迹正确则单击"完成序列"命令。至此,完成加工操作过程,如图 9-21 所示。

图 9-20　加工路径　　　　　　　　　图 9-21　NC 检测效果图

(7) 生成刀位数据文件。

① 单击"编辑"→"CL 数据"→"输出"命令。

② 弹出菜单管理器,选择"操作"命令,单击操作名 OP010。

③ 单击"文件"命令创建 CL 和 MCD 文件。

"输出类型"菜单打开,其中包括以下选项。

a. CL 文件——仅生成 CL 数据文件。

b. MCD 文件——生成 CL 文件,然后将其后置处理成 MCD 文件。

④ 加选"MCD 文件"并单击"完成"按钮,弹出如图 9-22 所示的"保存副本"对话框。默认以 op010. ncl 为文件名进行保存,并单击"确定"按钮。

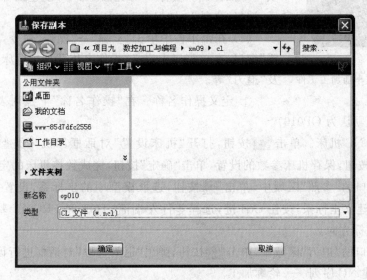

图 9-22 "保存副本"对话框

(8) 后置处理。

① 关闭"保存副本"对话框后,"后置处理选项"菜单打开,包括以下选项。

a. 详细——启动后处理的详细显示。

b. 跟踪——跟踪列表文件中的所有宏和 CL 记录。

c. 加工——将后处理器文件用于 CL 文件指定的 MACHIN 指令进行编程加工。如果未选中此选项,则系统将提示从所有可用后处理器列表中选取一个后处理器。

② 在"后置处理选项"菜单中,选中"全部"和"跟踪"复选框,单击"完成"按钮。

③ 弹出"后置处理列表"菜单,单击菜单中的 UNCX01. P20 命令,再单击"轨迹"菜单中的"完成输出"命令,完成后置处理。

④ 在菜单中单击"文件"→"保存"命令,保存整个文件。经保存后可得下列文件: cl. tph(刀具路径文件)、op010. ncl(CL 数据文件)、op010. tap(G 代码)及一些中间过程文件。

9.1.3 操作过程

压盖零件车削加工与编程步骤如下。

(1) 单击菜单中的"文件"→ "新建"命令。选中"制造"→"NC 组件"单选按钮,输入加工文件的名称 yg,单击"确定"按钮,进入 NC 加工制造模块。

(2) 在菜单栏中单击 📁 按钮,弹出"打开"对话框,选择文件 yg. prt,单击"打开"按钮,在弹出的"元件放置"操作面板中单击"放置"按钮,弹出"放置"下滑面板。在"约束类型"选项框中选择"缺省",单击 ✔ 按钮,完成参考模型的导入,在弹出的对话框中选择"按参照合并"→"确定"命令。

图9-23　创建车削加工工件

(3) 在菜单栏中单击 🛒 按钮,在对话框中输入工件名称ygw,单击 ✅ 按钮,在菜单管理器中选择"实体"→"伸出项"→"拉伸"→"实体"→"完成"命令,创建工件如图9-23所示,选择"文件"→"保存"命令。

(4) 在菜单栏中单击"步骤"→"操作"命令,弹出"操作设置"窗口,在该窗口中定义"操作名称""加工机床""加工原点"及"退刀"等。

① 定义操作名称。在"操作名称"下拉列表框中输入操作名称(系统默认为OP010)。

② 定义NC机床。单击 🖥 按钮,打开"机床设置"对话框,"机床类型"改选为"车床",单击 🖫 按钮,保存机床参数的设置,单击"确定"按钮,完成数控机床的定义。

③ 在窗口的"参照"区域中,单击 ▶ 按钮,选取模型中的坐标系,设置加工坐标系。单击 ⤫ 按钮建立坐标系,按住Ctrl键,选择零件左端面、TOP和FRONT基准面建立坐标系,修改坐标方向。

④ 在窗口的"退刀"区域中,单击 ▶ 按钮,弹出"退刀选取"对话框进行设置。

(5) 创建NC序列——轮廓加工。

① 在菜单栏中单击"步骤"→"轮廓车削"命令,在菜单管理器中单击"NC序列"→"序列设置"命令,依次选取"刀具""参数"和"刀具运动"选项,单击"完成"按钮,打开"刀具设定"窗口,具体参数设置如图9-16所示。

② 单击"确定"按钮结束刀具的设置,系统弹出如图9-17所示的"编辑序列参数'轮廓车削'"窗口。

③ 设置结束后单击"确定"按钮结束参数设置,弹出"刀具运动"对话框,在对话框中单击"插入"按钮,弹出"轮廓车削切削"对话框,单击"车削轮廓创建"按钮 🖩 。

④ 弹出"车削轮廓"操作面板,在操作面板中单击"使用曲面定义车削轮廓"按钮 🖩 ,按住Ctrl键选择参照模型轮廓起始面和终止面,单击 ✅ 按钮,完成加工区域选择。

⑤ 在"轮廓车削切削"对话框中,设置延伸方向如图9-18所示,单击 ✅ 按钮,关闭"区域车削切削"对话框,单击"刀具运动"对话框中的"确定"按钮,如图9-19所示。在菜单管理器中单击"完成序列"按钮,完成轮廓车削切削设置。

⑥ 在菜单管理器"NC序列"中选择"播放路径"→"屏幕演示"命令,打开"播放路径"对话框,单击 ▶ 按钮模拟刀具加工过程。模拟结束后,单击对话框中的"关闭"按钮,结束刀具轨迹的模拟操作,刀具路径如图9-24所示。若轨迹正确则单击"完成序列"命令。

(6) 创建NC序列——凹槽加工。

① 在菜单栏中单击"步骤"→"凹槽车削"命令,在菜单管理器中单击"NC序列"→"序列设置"命令,依次选取"刀具""参数"

图9-24　切槽加工路径

和"刀具运动"选项,单击"完成"按钮,打开"刀具设定"窗口,具体参数设置如图 9-25 所示。

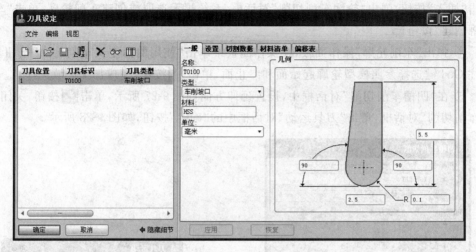

图 9-25 "刀具设定"窗口 3

② 单击"确定"按钮结束刀具的设置,系统弹出如图 9-26 所示的"编辑序列参数'凹槽车削'"窗口。

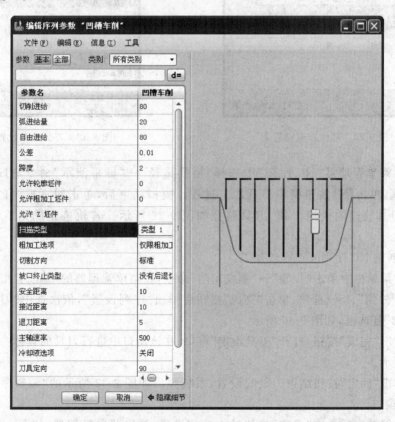

图 9-26 "编辑序列参数'凹槽车削'"窗口

③ 设置结束后单击"确定"按钮结束参数设置,弹出"刀具运动"对话框,在对话框中单击"插入"按钮,弹出"轮廓车削切削"对话框,系统提示选取或创建车削轮廓,单击"车削轮廓创建"按钮 。

④ 弹出"车削轮廓"操作面板,在操作面板中单击"使用曲面定义车削轮廓"按钮 ,按住 Ctrl 键选择参照模型轮廓起始面和终止面,单击 ✓ 按钮,完成加工区域选择。

⑤ 在"凹槽车削切削"对话框中,设置延伸方向如图 9-27 所示,单击 ✓ 按钮,关闭"区域车削切削"对话框,单击"刀具运动"对话框中的"确定"按钮,如图 9-28 所示。

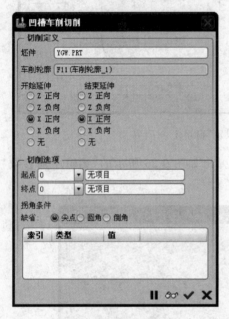

图 9-27　延伸方向设置 2　　　　　　　　图 9-28　刀具运动设置 2

⑥ 在菜单管理器"NC 序列"中选择"播放路径"→"屏幕演示"命令,打开"播放路径"对话框,单击 ▶ 按钮模拟刀具加工过程。模拟结束后,单击对话框中的"关闭"按钮,结束刀具轨迹的模拟操作,刀具路径如图 9-29 所示。若轨迹正确则单击"完成序列"命令。

(7) 创建 NC 序列——螺纹加工。

① 在菜单栏中单击"步骤"→"螺纹车削"命令,在菜单管理器的"螺纹类型"中依次选择"统一""外侧"、ISO 选项,单击"完成"按钮后弹出"序列设置",依次选中"刀具""参数""车削轮廓"复选框,如图 9-30 所示。

② 单击"完成"按钮,打开"刀具设定"窗口,在该窗口中进行刀具的具体参数设置,如图 9-31 所示。

③ 单击"确定"按钮结束刀具的设置,系统弹出如图 9-32 所示的"编辑序列参数'螺纹车削'"窗口。

④ 设置结束后单击"确定"按钮结束参数设置,弹出菜单管理器,如图 9-33 所示,要求选取或创建车削轮廓,单击"车削轮廓创建"按钮 。

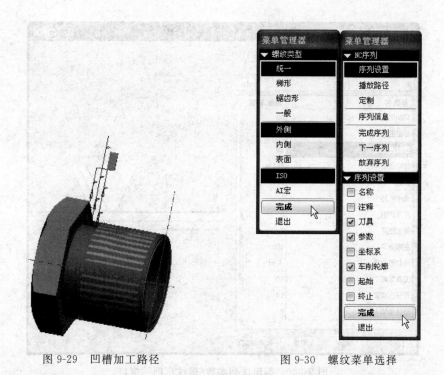

图 9-29 凹槽加工路径   图 9-30 螺纹菜单选择

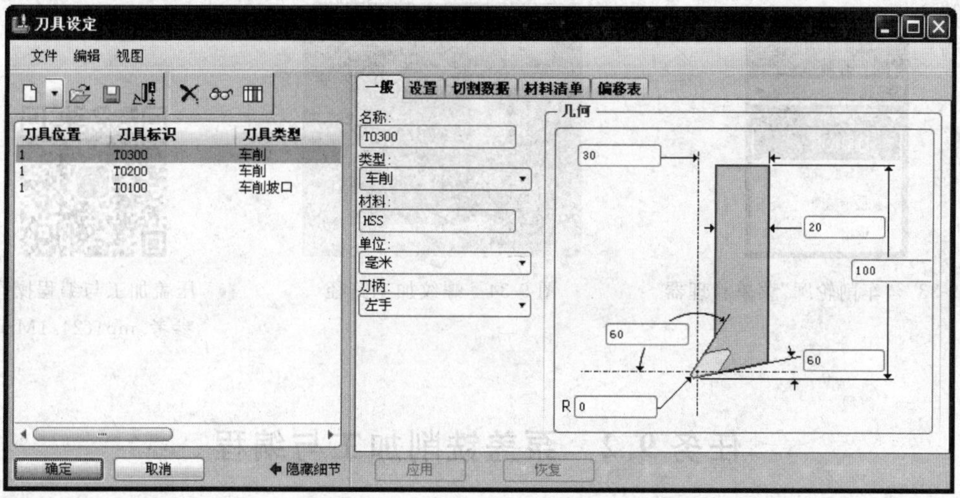

图 9-31 "刀具设定"窗口 4

⑤ 弹出"车削轮廓"操作面板,在操作面板中单击"使用曲面定义车削轮廓"按钮,按住 Ctrl 键选择参照模型轮廓起始面和终止面,单击 按钮,完成加工区域选择。

⑥ 在菜单管理器"NC 序列"菜单中选择"播放路径"→"屏幕演示"命令,打开"播放路径"对话框,单击 ▶ 按钮模拟刀具加工过程。模拟结束后,单击对话框中的"关闭"按钮,结束刀具轨迹的模拟操作,刀具路径如图 9-34 所示。若轨迹正确则单击"完成序列"命令。

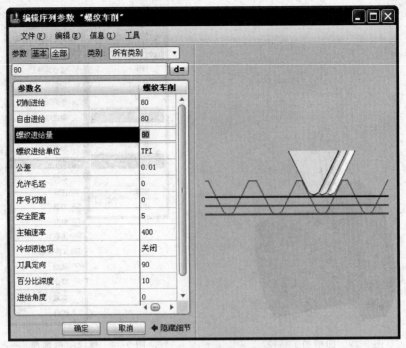

图 9-32　"编辑序列参数'螺纹车削'"窗口

图 9-33　"车削轮廓"菜单管理器

图 9-34　螺纹加工路径

压盖加工与编程操作
参考.mp4(24.1MB)

任务 9.2　泵盖铣削加工与编程

按给定泵盖零件模型,完成泵盖零件的加工与编程,如图 9-35 所示。

9.2.1　任务解析

本任务以齿轮油泵泵盖零件为载体,学习 Pro/E 软件 NC 加工编程界面的操作和应用,学习平面铣削、体积块铣削、曲面铣削等加工方法,学习后置处理生成程序的方法和技巧。

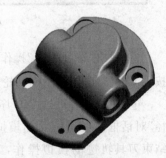

图 9-35　泵盖模型

　　泵盖零件的外轮廓有平面、圆柱面、圆角等结构。本任务可以通过曲面铣削的方法加工出该零件。

9.2.2　知识准备——铣削编程

　　铣削加工的常见方法有轮廓铣削、体积块铣削、曲面铣削、表面铣削等方法,铣削加工与车削加工的设置基本一样。本任务主要学习部分常用的铣削加工方法编程。

1. 轮廓铣削

　　轮廓铣削加工主要用来进行垂直或倾斜轮廓的粗铣或精铣,常采用立铣刀或球头立铣刀在数控铣床上进行加工。创建 NC 序列的一般步骤如下。

　　(1) 建立轮廓铣削加工 NC 序列

　　在如图 9-36 所示的菜单栏中单击"步骤"→"轮廓铣削"命令,弹出"序列设置"菜单,如图 9-37 所示。

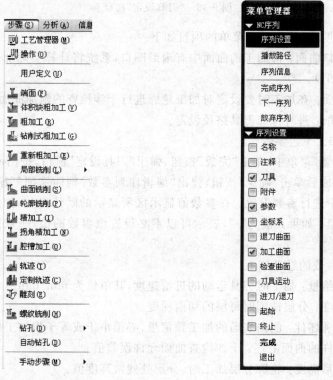

图 9-36　下拉菜单　　　　　　　图 9-37　"序列设置"菜单

　　(2) 选择加工工艺设置项目

　　在"序列设置"菜单中,选择要设置的参数,单击"完成"按钮。轮廓铣削加工一般情况下应选择"刀具""参数"及"加工曲面"3 项;如果在前面的步骤中已设置了其中的参数,如"刀具""坐标系"等,在这里可不选择该项目,设置方法可参考车削加工,其中"刀具设定"窗口如图 9-38 所示。

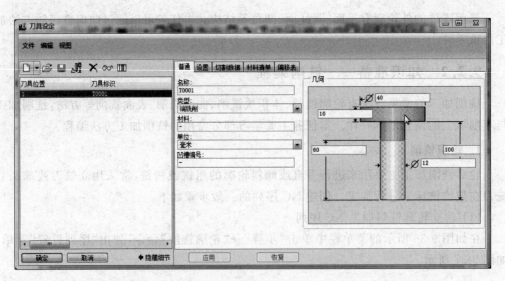

图 9-38　"刀具设定"窗口 5

有别于其他加工序列设置菜单的项目如下。

① 扇形凹口曲面：待加工的曲面中有扇形凹口，系统将计算实际加工的曲面为整个曲面减去扇形凹口。

② 检测曲面：在加工时要设定对加工轮廓进行干涉检查的附加曲面。

③ 构建切削：进行特殊刀具路径设定。

（3）设置加工工艺参数

在"序列设置"菜单中，单击"完成"按钮，弹出"刀具设定"窗口，按图 9-38 要求设置刀具各项参数，完成后单击"确定"按钮，弹出"编辑序列参数'剖面铣削'"窗口，在如图 9-39 所示的对话框中进行参数设置。在参数值显示区所显示的默认参数，如果其值为−1，必须设置该参数值；如果其值为"-"，表示可以不必设置该参数的值，一般是采用系统默认值或其他值。

加工工艺参数的意义如下。

① 切削进给量：加工时刀具运动的进给速度，其单位为 mm/min。

② 步长深度：分层铣削时每层的切削深度。

③ 允许轮廓坯件：侧向表面的加工预留量，必须小于或等于粗加工余量。

④ 检测允许的曲面毛坯：干涉检查曲面允许误差值。

⑤ 侧壁扇形高度：轮廓分层加工时，分层处残留高度值。

⑥ COOLANT_OPTION（切削液设置）：系统提供了充溢、喷淋雾、关闭、开、攻丝（攻螺纹）、穿过 6 种切削液喷洒方式。

⑦ 安全距离：安全高度，即快进运动结束、慢进给运动开始的高度。

设置完加工工艺参数后，在"参数树"对话框中，选择"文件"菜单中的"保存"命令，保存设置，然后关闭"参数树"对话框。

（4）选择要加工的面

在"曲面拾取"菜单中，选择"模型"命令，单击"完成"按钮，弹出"选取曲面"菜单。按

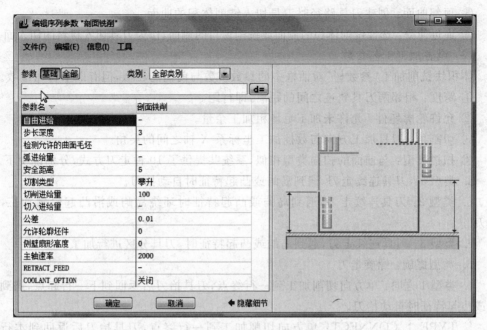

图 9-39 "编辑序列参数'剖面铣削'"窗口

住 Ctrl 依次选取参考模型的所有侧面为加工表面,单击"完成/返回"命令,完成加工表面的选择,至此 NC 加工序列的定义全部完成。

系统提供了待加工面在模型上、在铣削体积块上或铣削曲面上 3 种方式。

(5) 完成其他项目参数的设置

下面所述的各种加工方法,NC 加工工序创建步骤基本上与车削加工类似。

2. 体积块铣削

体积块铣削加工主要针对含有型腔零件的粗加工及精加工,其特点是逐层去除体积块中的材料,所有层切面都与退刀面平行,每层都是平面加工,体积块中允许含有岛屿。常采用立铣刀或球头立铣刀在数控铣床上进行加工。创建 NC 序列的一般步骤如下。

(1) 建立体积块铣削加工 NC 序列

在如图 9-36 所示的菜单栏中,单击"步骤"→"轮廓铣削"命令,弹出"序列设置"菜单。

(2) 选择加工工艺设置项目

在"序列设置"菜单中,选择要设置的参数,并单击"完成"按钮。体积块铣削加工的序列参数设置与前面加工的"序列设置"菜单类似,其选择方法也相似,一般情况下应至少选择"参数"及"体积"两项。

体积块加工序列设置中有别于其他加工序列设置菜单的项目如下。

① 体积:创建或选取体积块。

② 窗口:创建或选取铣削窗口,它与体积项是相互排斥的。在窗口内的所有曲面被选择为要加工的面。

③ 封闭环:选择了封闭环链曲面作为铣削对象。

④ 除去曲面:指定或建立要从轮廓加工中去除的体积曲面。

⑤ 顶部曲面：创建刀具路径时刀具切入铣削体积的曲面。

⑥ 逼近薄壁：选择铣削体积的侧面或铣削窗口的侧面，作为刀具切入材料的切入面。

（3）设置加工工艺参数

体积块铣削加工"参数树"对话框中的参数多数与前面的相似，但有以下特殊参数。

① 跨度：相邻两刀具轨迹之间的距离，即行距。

② 允许轮廓坯件：允许未加工毛坯粗加工余量。

③ 切割角：刀具加工方向与数控加工坐标系 X 轴之间的夹角。

④ 扫描类型：与前面的扫描类型相似，系统共提供了 10 种走刀方式，分别说明下。

a. 类型 1：刀具连续走刀，遇到岛屿或凸起特征时自动抬刀。

b. 类型 2：刀具连续走刀，遇到岛屿或凸起特征时环绕岛屿或沿凸起轮廓加工，不抬刀。

c. 类型 3：刀具连续走刀，遇到岛屿或凸起特征时，刀具分区进行加工。

d. 类型螺旋：螺旋走刀。

e. 类型 1 方向：单方向切削加工到一行终点，刀具抬刀后返回到下一行起点，遇到岛屿或凸起特征时自动抬刀。

f. TYPE_1_CONNECT：单方向切削加工到一行终点，刀具抬刀后返回到本行起点，然后下刀并移动到下一行的起点，遇到岛屿或凸起特征时自动抬刀。

g. 常数—载入：执行高速粗加工或轮廓加工（由粗糙选项决定）。

h. 螺旋保持切割方向：保持切削方向的螺旋走刀方式，两次切削之间用 S 形连接。

i. 螺旋保持切割类型：保持切削类型的螺旋走刀方式，两次切削之间用圆弧连接。

j. 跟随硬壁：切削轨迹形状与体积块的侧壁形状相似，两行轨迹之间间距固定。

⑤ 粗糙选项：设置是否加工侧面轮廓边界，系统共提供 7 种方式，分别说明如下。

a. 只有粗糙：只加工内部，不加工侧面轮廓边界。

b. 粗糙轮廓：先粗加工内部区域，再加工侧面轮廓边界，即清根。

c. 配置_&_粗糙（PROF_&_ROUGH）：先加工侧面轮廓边界，再粗加工内部区域。

d. 配置_只（PROF_ONLY）：只加工侧面轮廓，不加工内部区域。

e. ROUGH_&_CLEAN_UP：加工内部区域时清理侧面边界，不单独产生侧面轮廓边界加工。

f. 口袋（POCKETING）：采用腔槽加工方式进行加工。

g. 仅—表面（FACES_ONLY）：仅加工该体积块中所有平行于退刀面的平面（岛屿顶面和体积块的底面）。

设置完加工工艺参数后，在"参数树"对话框中选择"文件"菜单中的"保存"命令，保存设置，然后关闭"参数树"对话框。

（4）选择或创建体积块

在制造模型中，选取已创建的体积块或创建体积块，并单击"完成"按钮，完成待加工体积块的选择或创建。

如果创建体积块，则需单击 ⊕ 工具按钮，通过拉伸或去除材料的方式来创建体积块。

（5）完成其他项目参数的设置

3．曲面铣削

曲面铣削可用来铣削水平或倾斜的曲面，它是 Pro/E 中应用最为灵活的一种加工方法，可以替代前面介绍的几种加工方法，多应用于模具曲面的加工。常采用球头刀在 3～5 轴的数控铣床或数控车铣床上进行加工，创建 NC 工序的一般步骤如下。

（1）建立曲面铣削加工 NC 工序

在如图 9-36 所示的菜单栏中，单击"步骤"→"曲面铣削"命令，弹出"序列设置"菜单。

（2）选择加工工艺设置项目

在"序列设置"菜单中，选择要进行参数设置的项目，并单击"完成"按钮。曲面铣削加工的"序列设置"菜单与前面相类似，仅有"定义切割"一项不同，其选择方法也相似，一般情况下应至少选择"参数""定义切割"及"曲面"3 项。

定义切割：定义曲面铣削方式，并指定适当参数。

（3）设置加工工艺参数

在曲面铣削加工"参数树"对话框中的加工工艺参数与前面的相似，有下面两种参数不同。

① 粗加工步距深度：曲面粗加工时，分层铣削每层的切割深度。

② 带选项：相邻两刀具轨迹之间的连接方式，系统提供 5 种连接方式：直线连接、曲线连接、弧连接、环连接、不定义连接。

（4）选择要加工的曲面

在"曲面拾取"菜单中，选择待加工面，并单击"完成"按钮，完成加工面的选择。

（5）定义切削方式

在"切削定义"窗口（见图 9-40）中选择切削方式，并定义相应的参数。系统提供了如下几种切削方式。

图 9-40 "切削定义"窗口

① 直线切削：加工轨迹是一系列直线，主要用于形状相对简单的曲面。它需进一步定义切削轨迹方向。若方向是相对于 X 轴，则需输入角度值；如是按照曲面或边，则需选择参考平面或参考边，切削轨迹的方向平行于参考平面或参考边。

② 自曲面等值线：切削方向由待加工曲面的 u-v 轮廓来定义，加工轨迹沿着曲面的 u(或 v)参数等值线方向，一般用于单个或多个连续曲面与坐标轴成一角度的情况。它需进一步确定曲面的 u、v 方向，通过单击图中的 ▦ 按钮可实现该步。

③ 切削线：切削方向由一个或多个切削线或切削面决定，加工轨迹中第一行和最后一行的形状与切削线(面)相同，中间轨迹由待加工曲面和切削线(面)共同决定。它用于较为复杂曲面、需较多加工控制的铣削，窗口如图 9-41 所示。它需进一步确定切削线(面)，可以定义这些切削线(面)为开放的或封闭的，及沿切削线 u、v 方向的同步情况。

图 9-41　切削线设置

④ 投影切削：将一个已设定好的加工轨迹线投影到曲面上，形成曲面加工轨迹。常用于由扫描特征所形成的实体曲面加工，它可实现更多的加工控制。它需进一步单击 ✚ 按钮来选择已有的加工轨迹线，确定边界轮廓与原轨迹轮廓相同(在其上)、左偏移一个距离(左)、右偏移一个距离(右)，并输入偏移值，如图 9-42 所示。

（6）完成其他项目参数的设置

4. 局部铣削

局部铣削是 Pro/E 提供的清根加工方法，它是用较小直径的刀具，针对前一次数控加工轨迹无法加工的空间范围再加工一次，常用在体积块铣削、轮廓铣削、曲面铣削等加工后剩余材料的加工，创建 NC 工序的一般步骤如下。

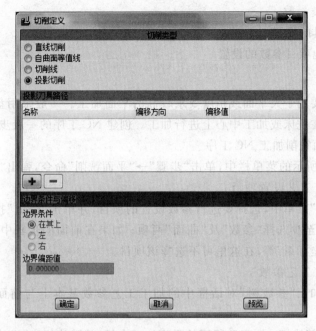

图 9-42　投影切削设置

（1）建立局部铣削加工 NC 工序

在如图 9-36 所示的菜单栏中，单击"步骤"→"局部铣削"命令，弹出"序列设置"菜单。

（2）选择局部铣削类型

在"局部选项"菜单（见图 9-43）中，选择局部铣削类型，并单击"完成"按钮。系统提供了 4 种局部铣削。

① NC 序列：计算某个已形成的 NC 加工轨迹的剩余材料，对这些材料作局部铣削。

② 顶角边：直接指定要清根的拐角。

③ 根据先前刀具：对前一个刀具加工后的剩余材料进行计算，然后用本次加工设置的刀具进行局部加工。

④ 铅笔描绘踪迹：清根加工。

如果选择了 NC 序列，则须选择要对哪个 NC 加工轨迹进行清根；若选择了其他 3 种类型之一，要清根的部位在后面确定。

图 9-43　"局部选项"菜单

（3）选择加工工艺设置项目

在"序列设置"菜单中，选择要进行参数设置的项目，并单击"完成"按钮。局部铣削加工的"序列设置"菜单项目与前面的相似，仅有"参考序列"一项是独有的项目。一般情况下选择"刀具""参数"两项。

参考序列：选择一条 NC 加工轨迹作为局部铣削的参考。

（4）设置加工工艺参数

局部铣削加工"参数树"对话框中的加工工艺参数多数与前面的相似，可在"参数树"

对话框中设置各类参数。

（5）进行刀具的设置

（6）完成其他项目参数的设置

5．平面铣削

平面铣削主要用于大平面或精度要求较高的平面加工。一般采用盘铣刀、大直径端铣刀或圆头铣刀在铣床或加工中心上进行加工。创建 NC 工序的一般步骤如下。

（1）建立平面铣削加工 NC 工序

在如图 9-36 所示的菜单栏中，单击"步骤"→"平面铣削"命令，弹出"序列设置"菜单。

（2）选择加工工艺设置项目

在"序列设置"菜单中，选择要进行参数设置的项目，并单击"完成"按钮。在"序列设置"菜单中一般应至少选择"参数"及"曲面"两项；如果在前面的步骤中已设置了其中的参数，如"刀具""坐标系"等，在这里可不选择该项目。

（3）设置加工工艺参数

在平面铣削加工"参数树"对话框中的加工工艺参数基本上与前面的相似，有以下3 种不同的参数。

① 允许的底部线框：加工后留下的平面加工余量，其默认值为"-"，加工余量为 0。

② 进刀距离：接近运动的长度，即每一切削层的第一行刀具轨迹开始以切削速度进给时刀具位置到曲面轮廓的距离。

③ 退刀距离：切出运动的长度，即最后一行刀具轨迹开始以退刀速度进给时的跨过轮廓的距离。

（4）选择要加工的面

在"曲面拾取"菜单中，选择待加工面，并单击"完成"按钮，完成选择对应的加工面。

（5）完成其他项目参数的设置

6．腔槽铣削

腔槽铣削用于体积块铣削之后的精铣，腔槽可以包含水平、垂直、倾斜曲面。对于侧面的加工类似于轮廓加工，底面类似于体积块加工中的底面铣削，创建 NC 工序的一般步骤如下。

（1）建立曲面铣削加工 NC 工序

在如图 9-36 所示的菜单栏中，单击"步骤"→"腔槽铣削"命令，弹出"序列设置"菜单。

（2）选择加工工艺设置项目

在"序列设置"菜单中，选择要进行参数设置的项目，并单击"完成"按钮。腔槽铣削加工的"序列设置"菜单与体积块铣削的"序列设置"菜单类似，其选择方法也相似，一般情况下应至少选择"参数"及"曲面"两项。

（3）设置加工工艺参数

腔槽铣削加工"参数树"对话框中的加工工艺参数多数与前面的相似，这里不再论述。

（4）选择要加工的曲面

（5）完成其他项目参数的设置

7. 孔加工

在数控机床上加工孔,采用固定循环方式,它们都具有一个参考平面,一个间隙平面和一个主轴坐标轴。Pro/E 提供了实现这些 G 代码指令的方法,创建孔加工 NC 工序的一般步骤如下。

(1) 建立孔加工 NC 工序

在如图 9-36 所示的菜单栏中,单击"步骤"→"孔加工"命令,弹出"序列设置"菜单。

(2) 选择孔加工方式

在"孔加工"菜单(见图 9-44)中,选择孔加工的方式,并单击"完成"按钮。在"孔加工"菜单中,有 3 组菜单可供选择并相互组合,组成各种孔加工方式。各项菜单项的含义如下。

① 钻孔:普通钻孔,可与第二组的"标准"至"后"菜单项组合。

② 表面:不通孔加工,可设置钻孔底部的停留时间,提高孔底部曲面光整,对应指令 G82。

③ 镗孔:精加工孔,对应指令 G86。

④ 埋头孔:钻沉头螺钉孔。

⑤ 攻丝:钻螺纹孔,可与第二组的"固定"至"浮动"组合,表示进给率与主轴转速关系,对应指令 G84。

⑥ 铰孔:精加工孔,对应指令 G85。

⑦ 定制:自定义孔加工循环。

⑧ 标准:标准型钻孔,对应指令 G81。

⑨ 深:深孔钻,即步进钻孔循环,在第三组的"常值深孔加工"至"变量深孔加工"中可以指定加工深度参数,对应指令 G83。

⑩ 破断切屑:断屑钻孔,对应指令 G73。

⑪ WEB:断续钻孔,用于加工中间有间隙的多层板,对应指令 G88。

⑫ 后面:反向镗孔,对应指令 G87。

(3) 选择加工工艺设置项目

孔加工的"序列设置"菜单与前面的"序列设置"菜单类似,如图 9-45 所示,其选择方法也相似,一般情况下应至少选择"刀具""参数""退刀"及"孔"4 项。

(4) 设定刀具参数

可输入刀具直径参数及类型。对于各种孔加工方式,其刀具类型不同。

(5) 设置加工工艺参数

孔加工"参数树"对话框中的加工工艺参数与前面的相似,如图 9-46 所示,区别如下。

① 断点距离:钻出距离。对于通孔,它为深度 Z 值;对于不通孔,默认值为 0。

② 扫描类型:系统提供了 5 种加工孔组的方式,分别如下。

a. 类型 1:先加工孔轴线上 X、Y 坐标值最小的孔,然后按 Y 坐标递增、X 方向往复的方式加工孔。

b. 类型螺旋:从孔轴线上坐标值最小的孔开始,顺时针方向加工。

c. 类型 1 方向:先加工 X 值最小、Y 值最大的孔,然后按 X 坐标递增、Y 坐标递减的方式加工孔。

图 9-44 "孔加工"菜单

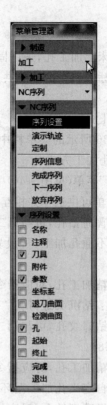

图 9-45 孔加工"序列设置"菜单

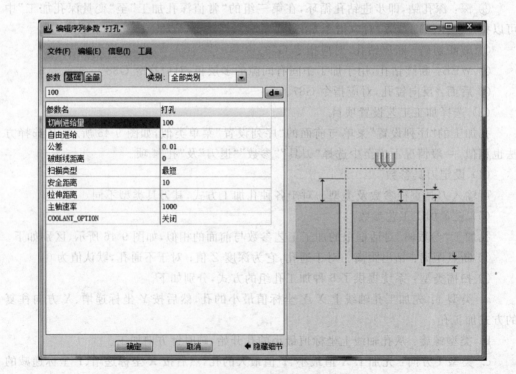

图 9-46 "编辑序列参数'打孔'"窗口

d. 选出顺序：孔的加工顺序与选取孔时的顺序一样；如采用全选的方式选取孔，则采用类型1的顺序加工孔。

e. 最短：按加工动作时间最少的原则决定孔的加工顺序。

③ 拉伸距离：钻孔结束后，刀具提刀的距离，默认为该值不起作用。

（6）定义退刀面

（7）选择加工孔组

在如图 9-47 所示的"孔集"对话框中，单击"添加"按钮，选择要加工的孔，然后单击"选择"对话框中的"确定"按钮，再单击"孔集"对话框中的"确定"按钮，完成加工孔组的选择。

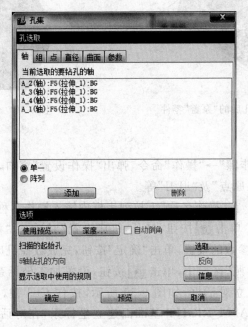

图 9-47　"孔集"对话框

在这个对话框中，提供了要加工孔组的选择方式，有轴、预定义的孔组、孔轴通过的点、孔直径值、在曲面上的孔、带有特定参数的孔这 6 种方式。可选择对应的标签，按照提示来选择，具体选择方法这里不作论述。

（8）完成其他项目参数的设置

9.2.3　操作过程

对泵盖零件进行曲面铣削加工，在加工之前补上泵盖上的孔，如图 9-48 所示，具体加工过程如下。

（1）创建数控加工文件

单击 ▣ 按钮，弹出"新建"对话框，在对话框中选中"制造"→"NC 组件"单选按钮，在"名称"文本框中输入文件名"bg"，单击"确定"按钮，进入加工制造环境。

（2）建立制造模型

① 在菜单栏中单击"插入"→"参照模型"→"装配模型"命令或在特征工具栏中单击

按钮,弹出"打开"对话框。

② 在"打开"对话框中,选择文件 bg.prt,单击"打开"按钮,单击"放置"按钮,选择"缺省",单击 ✓ 按钮,完成参考模型的导入,在对话框中选择"按参照合并"→"确定"命令。

③ 在特征工具栏中单击 按钮,在对话框中输入工件名称 bgw,单击 ✓ 按钮,选择"实体"→"伸出项"→"拉伸"→"实体"→"完成"命令,创建工件如图 9-49 所示。

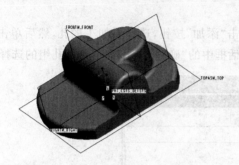

图 9-48　补孔后的"泵盖"零件

图 9-49　创建铣削加工工件

(3) 制造设置

在菜单栏中单击"步骤"→"操作"命令,弹出"操作设置"窗口,在该窗口中定义"操作名称""加工机床""加工原点"及"退刀"等。

① 定义操作名称。在"操作名称"下拉列表框中输入操作名称(系统默认为 OP010)。

② 定义 NC 机床。单击 按钮,打开"机床设置"对话框,"机床类型"选择"铣床",单击 按钮,保存机床参数的设置,单击"确定"按钮,完成数控机床的定义。

③ 在对话框的"参照"区域中,单击 按钮,设置加工坐标系。单击 按钮建立坐标系,弹出"坐标系"建立对话框,如图 9-50 所示,按住 Ctrl 键,选择零件上端面、NC_ASM_FRONT 和 NC_ASM_RIGHT 基准面建立坐标系,在对话框中修改坐标方向,新建坐标系如图 9-51 所示。

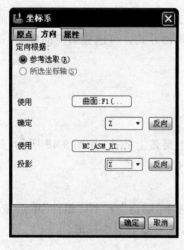

图 9-50　"坐标系"建立对话框 2

图 9-51　新建坐标系 ACS02

④ 在对话框的"退刀"区域中,单击 按钮,弹出"退刀设置"对话框,设置如图9-52所示,退刀面如图9-53所示。

图 9-52 "退刀设置"对话框 2

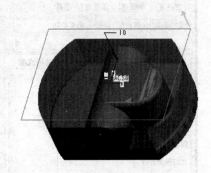

图 9-53 新建退刀面 2

(4) 创建 NC 序列——曲面加工

① 在菜单栏中单击"步骤"→"曲面加工"命令,弹出"序列设置"菜单,在菜单中依次选择"刀具""参数""曲面""定义切削"4 个选项,单击"完成"按钮。

② 在弹出的"刀具设定""序列参数"中依次按图 9-54、图 9-55 所示格式设置参数,完成后单击"应用"→"确定"按钮。

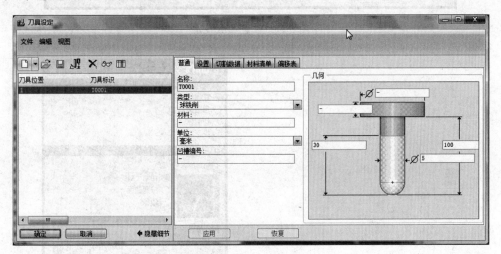

图 9-54 "刀具设定"窗口 6

③ 在"曲面拾取"菜单下选择"模型",在"选取曲面"处选择"添加",并在模型中选择需要铣削的曲面,选择完成后单击"确定"按钮,如图9-56所示。曲面选择完成后弹出"切削定义"窗口,选择默认值,单击"确定"按钮,如图9-57所示。

(5) 加工仿真

① 在菜单管理器"NC 序列"中选择"播放路径"→"屏幕演示"命令,打开"播放路径"对话框,单击 ▶ 按钮模拟刀具加工过程,模拟结束后,单击对话框中的"关闭"按钮,结束刀具轨迹的模拟操作。刀具轨迹如图9-58所示。

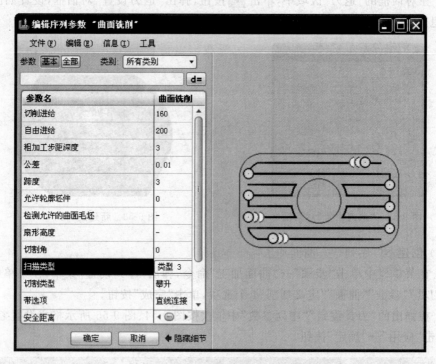

图 9-55　工艺参数设定

图 9-56　选择加工曲面

图 9-57　"切削定义"窗口

② 单击"NC 检测"→"运行"命令可得到如图 9-59 所示的模拟加工结果,若轨迹正确,则单击"完成序列"命令。

图 9-58 刀具轨迹

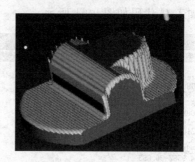
图 9-59 模拟加工结果

(6)生成刀位数据文件

① 单击"编辑"→"CL 数据"→"输出"命令。

② 弹出菜单管理器,选择"操作"命令,单击操作名 OP010。

③ 单击"文件"命令创建 CL 和 MCD 文件。

④ 加选"MCD 文件"并单击"完成"按钮。弹出如图 9-60 所示的"保存副本"对话框。默认以 op010.ncl 为文件名进行保存,并单击"确定"按钮。

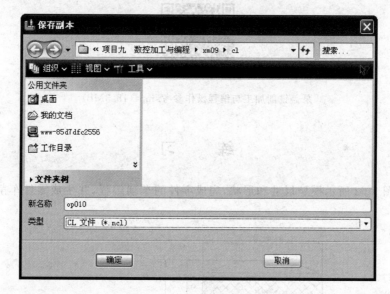
图 9-60 "保存副本"对话框

(7)后置处理

① 关闭"保存副本"对话框后,"后置期处理选项"菜单打开。

② 在"后置处理选项"菜单中,选中"全部"和"跟踪"复选框,单击"完成"命令。

③ 弹出"后置处理列表"菜单,单击菜单中的 UNCX01.P20 命令,再单击"轨迹"菜单中的"完成输出"命令,完成后置处理。

④ 在菜单中单击"文件"→"保存"命令,保存整个文件。经保存后可得下列文件: bg. tph(刀具路径文件)、op010. ncl(CL 数据文件)、op010. tap(G 代码)及一些中间过程文件,加工 G 代码如图 9-61 所示。

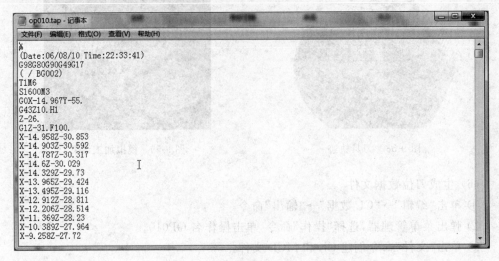

图 9-61　加工 G 代码

泵盖铣削加工与编程操作参考. mp4(18.3MB)

练　习

1. 按图 9-62 所示模型尺寸和形状,完成零件的车削编程,并生成零件车削加工程序代码。

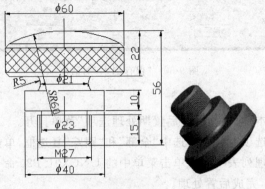

图 9-62　模型 1

2. 按图 9-63 所示模型尺寸和形状，完成零件的铣削编程，并生成零件铣削加工程序代码。

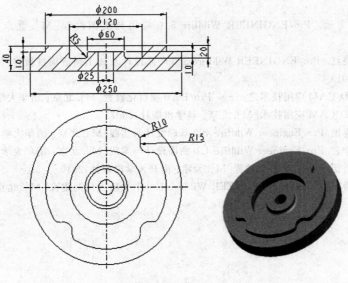

图 9-63　模型 2

3. 按图 9-64 所示模型尺寸和形状，完成零件的铣削编程，并生成零件铣削加工程序代码。

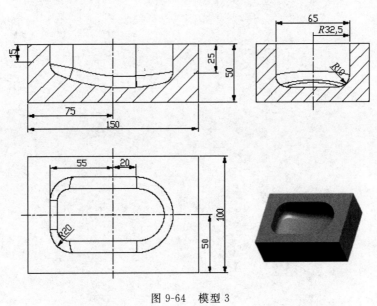

图 9-64　模型 3

参 考 文 献

[1] 谭雪松,马志远. Pro/ENGINEER Wildfire 5.0 应用与实例教程[M].北京:人民邮电出版社,2012.

[2] 徐华建,熊晓红. Pro/ENGINEER Wildfire 5.0 产品设计及加工制造项目教程[M].北京:人民邮电出版社,2013.

[3] 高汉华. CAD/CAM 应用技术之一——Pro/E5.0 项目化教程[M].北京:清华大学出版社,2014.

[4] 高汉华. CAD/CAM 应用技术[M].北京:科学出版社,2007.

[5] 丁淑辉,曹连民. Pro/Engineer Wildfire 4.0 基础设计与实践[M].北京:清华大学出版社,2008.

[6] 丁淑辉,李学艺. Pro/Engineer Wildfire 4.0 曲面设计与实践[M].北京:清华大学出版社,2009.

[7] 高汉华,何昌德. Pro/E 项目化教程[M].天津:南开大学出版社,2010.

[8] 支保军,胡静,李绍勇. Pro/ENGINEER Wildfire 5.0 中文版入门与提高[M].北京:清华大学出版社,2011.

附录1　齿轮油泵全套图纸

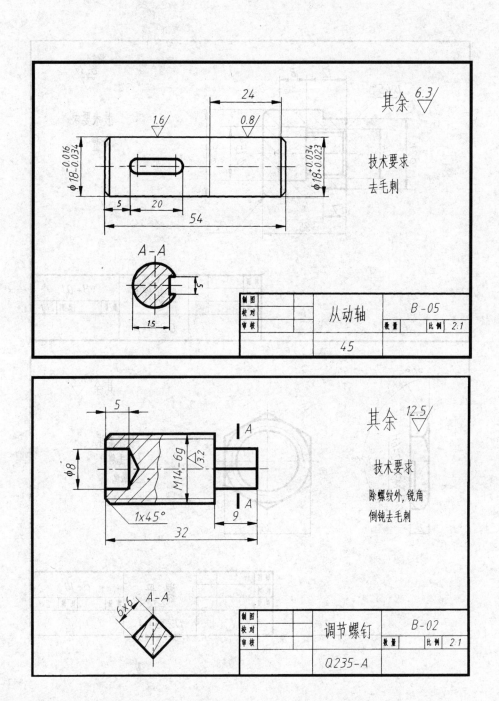

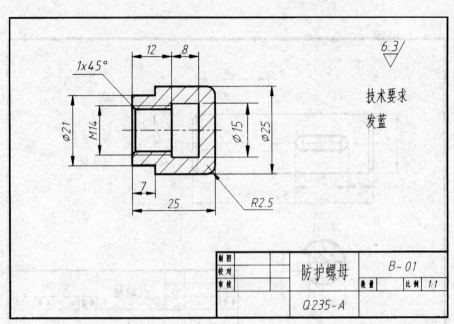

技术要求
发蓝

制图			防护螺母	B-01	
校对				数量	比例 1:1
审核			Q235-A		

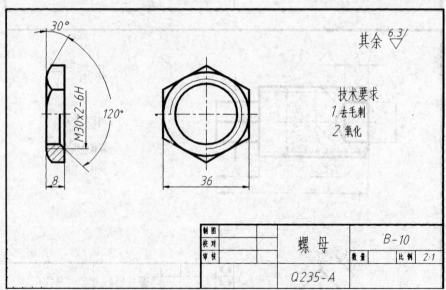

其余 6.3

技术要求
1.去毛刺
2.氧化

制图			螺 母	B-10	
校对				数量	比例 2:1
审核			Q235-A		

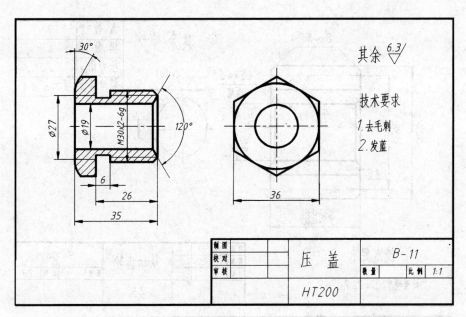

其余 6.3/ ▽

技术要求
1. 去毛刺
2. 发蓝

压 盖 | B-11
HT200 | 数量 | 比例 1:1

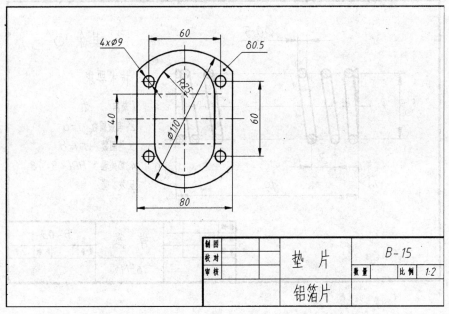

垫 片 | B-15
铝箔片 | 数量 | 比例 1:2

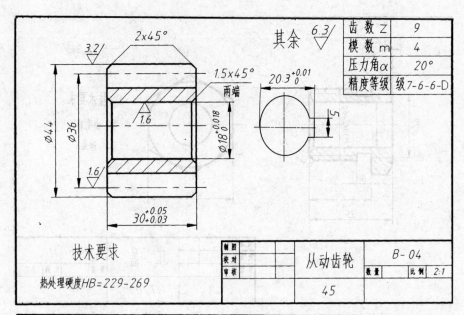

齿 数 Z	9
模 数 m	4
压力角 α	20°
精度等级 级	7-6-6-D

技术要求

热处理硬度HB=229-269

制图			从动齿轮	B-04	
校对					
审核				数量	比例 2:1
			45		

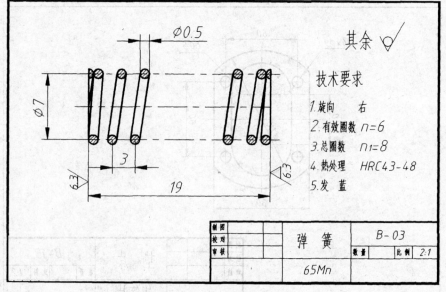

其余 ∨

技术要求

1. 旋向　　右
2. 有效圈数　$n=6$
3. 总圈数　　$n_1=8$
4. 热理　　HRC43-48
5. 发　蓝

制图			弹　簧	B-03	
校对					
审核				数量	比例 2:1
			65Mn		

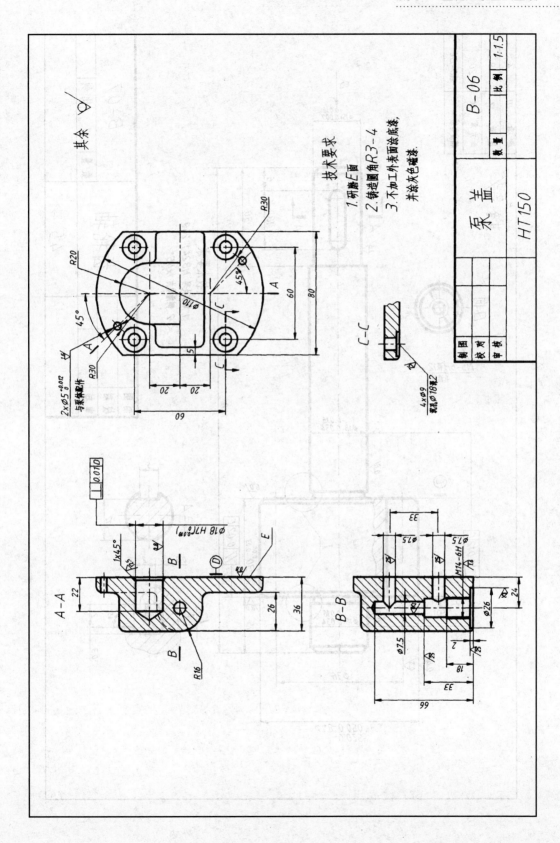

技术要求
1. 研磨E面
2. 铸造圆角R3~4
3. 不加工外表面涂底漆,
   并涂灰色磁漆

泵 盖

HT150

B-06

比例 1:1.5

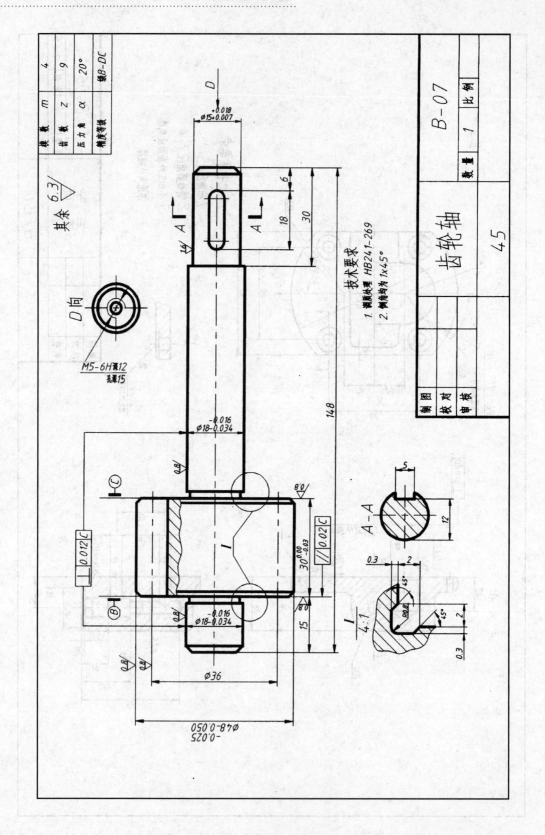

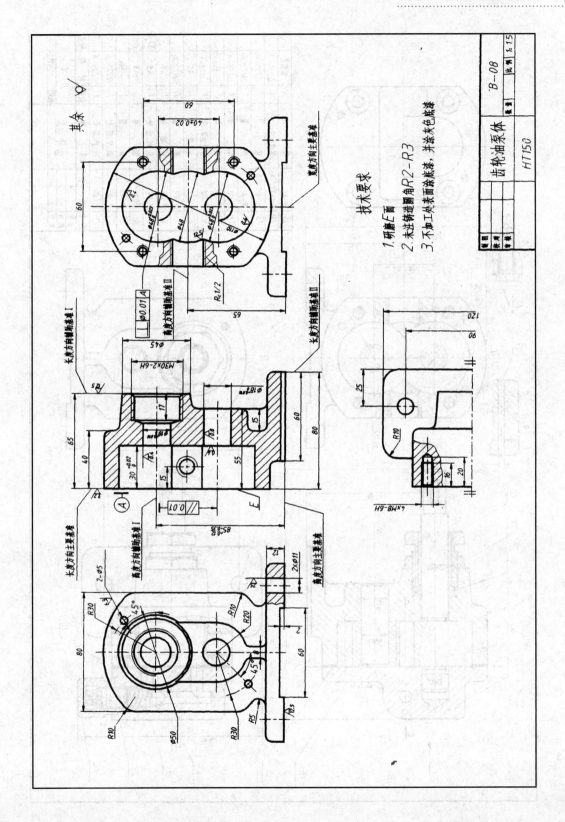

技术要求

1. 研磨E面
2. 未注铸造圆角R2-R3
3. 不加工处表面涂底漆，并涂灰色底漆

齿轮油泵体

HT150

B-08

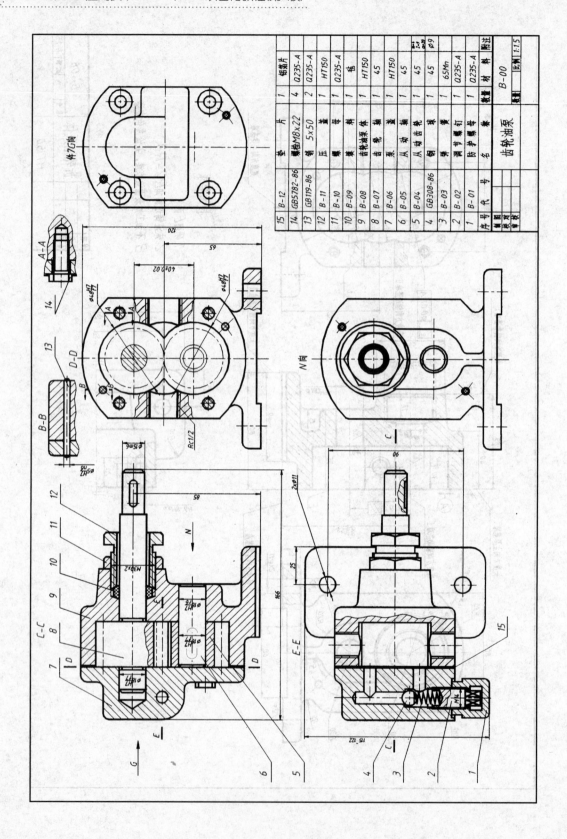

序号代号	代　号	名　称	数量	材　料	附注
15	B-12	垫　片	1	铝垫片	
14	GB5782-86	螺栓M8×22	4	Q235-A	
13	GB119-86	销 5×50	2	Q235-A	
12	B-11	压　盖	1	HT150	
11	B-10	螺　母	1	Q235-A	
10	B-09	填　料	1	毛毡	
9	B-08	齿轮泵体	1	HT150	
8	B-07	齿　轮	1	45	
7	B-06	主动齿轮	1	HT150	
6	B-05	从动轴	1	45	
5	B-04	从动齿轮	1	45	⌀9
4	GB308-86	钢　球	1	65Mn	
3	B-03	调节螺钉	1	45	
2	B-02	防护螺母	1	Q235-A	
1	B-01	弹　簧	1	Q235-A	
齿轮油泵				B-00	
			比例 1:5		

附录 2　综合训练题——支架部装图设计

（1）按附图 2-1 所示尺寸，完成零件三维建模。

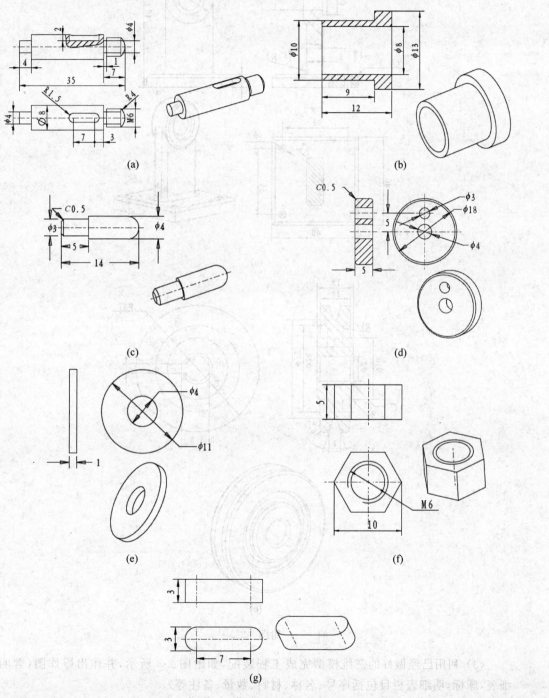

(a)

(b)

(c)

(d)

(e)

(f)

(g)

附图　2-1

（2）按附图 2-2 所示尺寸，完成零件三维建模并绘制二维工程图。

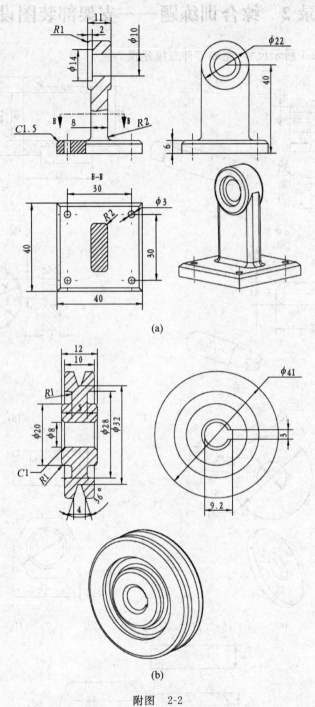

附图　2-2

（3）利用已经做好的三维模型完成工程装配，如附图 2-3 所示，并作出爆炸图（含明细表，球标，明细表栏目包括序号、名称、材料、数量、备注等）。

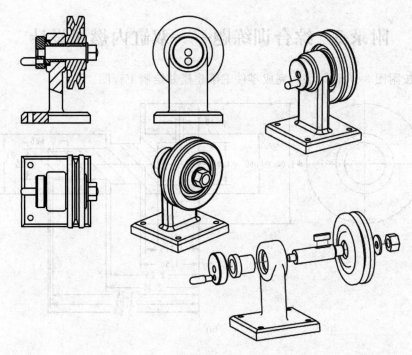

附图　2-3

（4）完成附图 2-1(a)、附图 2-2(a)所示零件的编程加工。

附录 3　综合训练题——双缸内燃机设计

（1）按附图 3-1 所示尺寸，完成零件三维建模并绘制工程图。

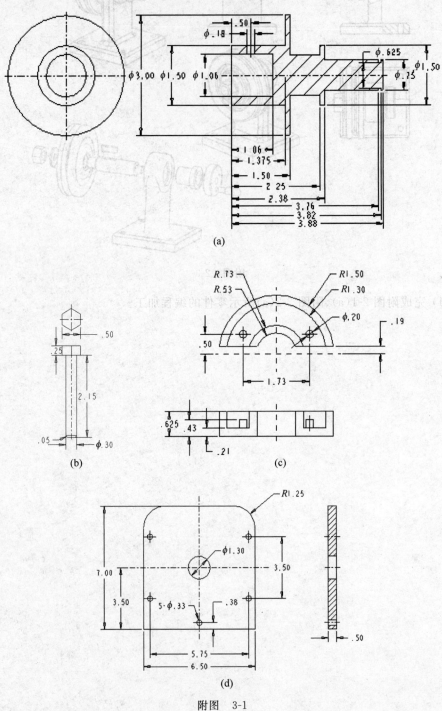

(a)

(b)

(c)

(d)

附图　3-1

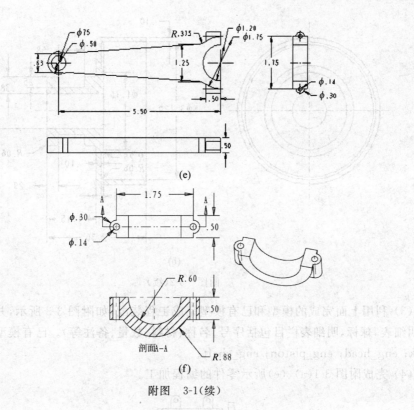

剖面A-A

附图　3-1(续)

（2）按附图 3-2 所示尺寸，完成零件三维建模并绘制工程图。

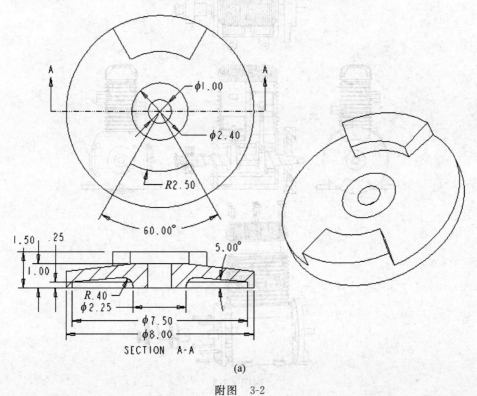

SECTION A-A

(a)

附图　3-2

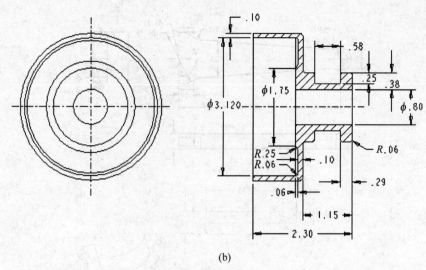

(b)

附图　3-2(续)

（3）利用上面完成的模型和已有模型完成工程装配，如附图 3-3 所示，并作出爆炸图（含明细表，球标，明细表栏目包括序号、名称、材料、数量、备注等）。已有模型：blot；eng_block；eng_head；eng_piston；eng_shaft。

（4）完成附图 3-1(a)、(e)所示零件的编程加工。

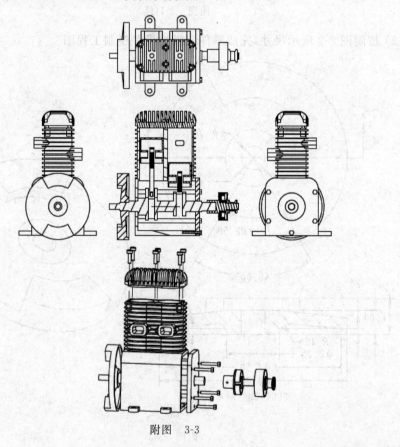

附图　3-3